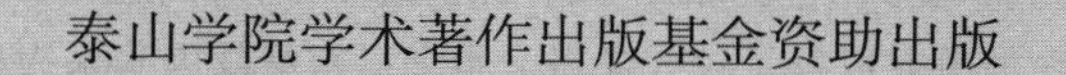

泰山学院学术著作出版基金资助出版

# 红肉苹果的营养及酿酒特性研究

李翠霞　著

中国科学技术大学出版社

## 内 容 简 介

随着人们对健康保健的日益重视，红肉苹果因具有迷人的色泽，且富含花青苷等多种酚类物质，受到了大众的一致青睐。近年来，在其特征特性、资源开发、遗传机制、调控网络等方面的研究取得了较大进展。本书以新疆红肉苹果为研究对象，对红肉苹果的酚类物质含量、单体酚含量、抗氧化能力、抗增殖能力，以及红肉苹果酒的酿酒特性等进行了系统的研究，以期为红肉苹果营养评价体系的建立提供理论支撑，为红肉苹果资源的进一步开发利用提供参考依据，为其他野生果树资源的评价挖掘与创新利用提供借鉴与启示。

**图书在版编目(CIP)数据**

红肉苹果的营养及酿酒特性研究/李翠霞著.—合肥:中国科学技术大学出版社,2023.10

ISBN 978-7-312-02594-5

Ⅰ.红…　Ⅱ.李…　Ⅲ.①苹果—食品营养—研究 ②果酒—酿酒—研究
Ⅳ.TS262.7

中国版本图书馆 CIP 数据核字(2022)第 085186 号

**红肉苹果的营养及酿酒特性研究**

HONGROU PINGGUO DE YINGYANG JI NIANGJIU TEXING YANJIU

---

**出版**　中国科学技术大学出版社
安徽省合肥市金寨路 96 号,230026
http://press.ustc.edu.cn
https://zgkxjsdxcbs.tmall.com

**印刷**　安徽国文彩印有限公司

**发行**　中国科学技术大学出版社

**开本**　710 mm×1000 mm　1/16

**印张**　9.25

**插页**　1

**字数**　169 千

**版次**　2023 年 10 月第 1 版

**印次**　2023 年 10 月第 1 次印刷

**定价**　55.00 元

# 前　言

近些年来，消费者对使用天然水果或食物来改善健康越来越感兴趣。水果和蔬菜中含有天然的抗氧化剂，对人体的健康非常重要。苹果(*Malus*×*domestica* Borkh)是世界上普遍受欢迎的水果，富含多种营养成分和生物活性物质，已经在世界各国的健康相关研究中得到了广泛关注。苹果中含有的生物活性物质在抗氧化以及预防炎症、肥胖、高血脂症、癌症、糖尿病、动脉粥样硬化和冠心病等方面具有良好的效果。通过饮食预防疾病和改善健康状况是目前人们最为关注的一种有效的保健方式。在过去的十几年里，我们的团队用 *M. sieversii f. niedzwetzkyana* 与两个优良的白肉品种("富士"和"嘎啦")构建了一系列的杂交群体，其中出现了一些果皮和果肉均为红色的红肉苹果。这些红肉苹果的果皮和果肉均含有丰富的花青苷和其他酚类物质，营养价值很高，这为苹果资源的加工与利用奠定了良好的基础，极具开发利用前景。

本书共分 5 章，第 1 章概述了红肉苹果资源的现状、营养成分、生物活性及加工特性。第 2 章以新疆红肉苹果 F2 代中的红肉苹果为原料，对苹果的酚类物质含量、单体酚含量、抗氧化能力及抗增殖能力进行了系统的研究，以期为消费者和育种人员对红肉苹果资源的利用提供依据。第 3～5 章以"美红"苹果为研究对象，研究体外消化对红肉苹果各酚类物质及生物活性的影响；探讨红肉苹果的活性部位及红肉苹果酒的最佳发酵模式，以期为提高红肉苹果的科技附加值及合理开发利用红肉苹果资源提供依据。本书可以为消费者选择营养价值高的苹果品种提供参考，为遗传育种人员培育高类黄酮含量的苹果品种提供理论依据，亦可为科研人员开发天然多酚提供帮助。

本书主要内容来自笔者在山东农业大学园艺科学与工程学院求学期间的博士论文。首先，我要衷心地感谢我的导师陈学森教授，感谢他在我论文完成过程中所倾注的心血和智慧。其次，感谢山东农业大学张宗营老师、王楠老师及实验室全体同门，感谢泰山学院林贞贤老师、张翠老师在论文完成过程中给予的悉心指导与帮助。最后，特别感谢山东农业大学的培养！

由于本研究所涉及的领域比较宽，笔者的学识有限，书中存在不足在所难免，敬请读者批评指正。

李翠霞

2023年4月

# 目　录

# 第1章 绪　　论

苹果是蔷薇科(Rosaceae)苹果属(*Malus*)植物的果实。苹果主要分布在亚洲、北美洲和欧洲(俞德浚,1979),是我国第一大落叶果树树种。我国苹果栽培历史悠久,距今已有两千多年。据2016年数据显示,我国苹果的栽培面积和产量均居世界第一,是世界上最大的苹果生产国和消费国(丛佩华等,2018)。近些年来,随着人们健康意识的不断提高,人们越来越多地通过食用新鲜水果和蔬菜来改善健康状况(Hyson,2011)。苹果由于富含多种营养物质和生物活性物质,是世界上较受欢迎的水果之一。很早就有俗语"每天一个苹果,疾病远离我",由于其中多种植物化学成分的存在,近年来在世界各国的健康相关研究中苹果得到了广泛关注,其中酚类衍生物如酚酸类和黄酮类化合物是主要的活性物质。但几十年来,苹果育种工作者一直都在注重苹果的外观和抗病性,而忽视了苹果的健康特性。中国是世界上原产苹果资源最为丰富的国家,拥有21个野生种和6个栽培种;但目前仍存在栽培品种单一,专用的加工品种严重缺乏等问题。类黄酮含量较低的红富士是我国苹果产业的第一大品种,占比高达70%(陈学森等,2019)。因此,利用野生苹果种质资源培育酚类物质含量高、营养价值大的苹果品种,扩大栽培苹果的遗传基础和多样性已成为苹果育种的重要内容。在过去的十几年里,我们的团队用*M. sieversii f. niedzwetzkyana*与两个优良的白肉品种("富士"和"嘎啦")构建了一系列的杂交群体,其中出现了一些果皮和果肉均为红色的红肉苹果。这些红肉苹果的果皮和果肉均含有丰富的花青苷和其他酚类物质,营养价值很高(Chen et al,2007),这为苹果的加工与利用奠定了良好的基础。对这些资源的功能性和营养品质进行评价,并将资源优势有效地转化为育种优势及品种优势,对苹果品种资源的合理利用及苹果产业的可持续发展意义重大。

## 1.1 红肉苹果资源及研究现状

红肉苹果(*Malus niedzwetzkyana* Dieck)是蔷薇科苹果属植物的果实。现有的红肉苹果资源可以分为两大类:一类是栽培苹果的红肉变种(*M. domestica* var. *niedzwetzkyana*),另一类是塞威士苹果的红肉变种(*M. sieversii f. niedzwetzkyana*)(束怀瑞,1999)。

Duan 等(2017)也证明了栽培苹果是由野生于中亚的新疆野苹果(*Malus sieversii*)驯化而来。其红肉苹果变种 *M. siversi f. niedzwetzkyana* 的果皮和果肉均为红色,含有大量的花色苷和其他的类黄酮成分,具有很高的营养价值(Chen et al,2007),备受消费者的青睐。迄今为止,有关红肉苹果的研究主要集中在花色苷组分及其形成机理上,其中 Wang 等(2017)报道了 MYB12 和 MYB22 在红肉苹果原花青素和黄酮醇合成中发挥着重要的作用。Wang 等(2018)确定了原花青素特异性转录因子 MdMYBpa1 在低温条件下启动了红肉苹果花青素合成。Xu 等(2017) 也明确了MdMYB16和 MdbHLH33 调控苹果花青苷合成的分子机制。王燕等(2012)和 Wang 等(2015)均对红肉苹果的多酚含量、花色苷含量及组分进行了定性定量分析,结果表明红肉苹果中多酚含量、花色苷含量及抗氧化能力均显著高于传统的白肉苹果。此外,刘静轩等(2017)还对新疆红肉苹果中的糖、酸、挥发性组分进行了定性定量分析。Zuo 等(2018)对红肉苹果酒的加工技术进行了探索。Xue 等(2019)探讨了共呈色和包埋对红肉苹果花青苷的稳定性的影响。Faramarzi 等(2015)也证明了红肉苹果还具有较强的抗癌细胞增殖的能力。

## 1.2 苹果的生物活性物质

苹果果实中含有多种活性营养成分,主要包括可溶性多糖、多酚、膳食纤维、矿物质元素、萜类化合物、维生素等几个大类,这些营养成分能够补充人体所需要的多种营养元素。目前苹果生物活性的研究主要集中在苹果多糖

(apple polysaccharide)、苹果多酚(apple polyphenol)、维生素(vitamin)和萜类(terpenoid)(谭飓等,2013)。

### 1.2.1 膳食纤维

膳食纤维是一种不易被人体胃肠消化,也不易产生热量的一类碳水化合物,被称为第七大营养素,对人体的健康有着重要的作用(郭涵博等,2015)。根据在水中的溶解度不同可分为水溶性膳食纤维和非水溶性膳食纤维(姚慧慧等,2018)。大量的研究表明,水溶性膳食纤维可以通过降低餐后血脂和血糖的含量达到减肥或控制体重的目的,还能预防癌症、肠胃病、糖尿病和心脏病等生理疾病(Chawlaet al,2010;Seidner et al,2005)。苹果中含有丰富的膳食纤维,但有研究表明不同苹果品种之间膳食纤维的含量存在显著差异,且苹果皮中膳食纤维的含量要显著高于果肉(唐振兴等,2006)。

苹果多糖又称为果胶,是苹果中一种重要的膳食纤维。果胶是一类天然的高分子聚合物,广泛存在于绿色植物体内,基本结构是α-D-聚半乳糖醛酸聚糖(半乳糖醛酸,由α-1,4-糖苷键聚合形成),分子中含有以D-半乳糖、L-阿拉伯糖和L-鼠李糖为主的中性多糖侧链(陈蔚青等,2007;林少琴、吴若红,2005;吴国琪、凌达仁,1998)。苹果果胶已经作为稳定剂、乳化剂、增稠剂和胶凝剂被广泛应用于天然食品工业中(Kertesz,1951;Rooker,1927)。另外,果胶具有降低血糖、血脂和预防癌症等作用(王健、黄国林,2007;Groudeva et al,1997;David et al,1977)。Groudeva等(1997)用苹果果胶对109位高酯蛋白血症患者进行了脂质代谢的研究,结果表明苹果果胶对人体的脂质代谢有着重要的影响。苹果多糖还具有抗氧化及护肝作用,Yang等(2013)从"粉红女士"苹果皮和果肉中分离出苹果多糖,对多糖的组成特征、抗氧化能力和其对小鼠急性四氯化碳肝损伤的护肝作用进行了研究,结果表明,苹果果皮多糖和苹果果肉多糖的单糖组成相似,以半乳糖、阿拉伯糖和半乳糖醛酸为主,苹果果皮多糖和苹果果肉多糖均能保护肝脏免受四氯化碳诱导的组织学改变,且果皮和果肉的多糖提取率相似,分别为1.7%和1.4%。

### 1.2.2 酚类物质

已报道的苹果果实多酚组分主要包括类黄酮组分(中性)和酚酸组分(酸性)两大类。其中类黄酮组分主要归属为四大类:黄烷醇、黄酮醇、二氢查耳酮和花青苷。黄烷醇是苹果中占比较大的类黄酮物质,苹果中主要包含儿茶素、表儿茶素、原花青素 $B_1$、原花青素 $B_2$、原花青素 $B_3$、原花青素 $B_4$、原花青素 $B_5$、原花青素 $C_1$、原花色素寡聚体和棓儿茶酸等10种黄烷醇。在苹果中共有13种黄酮醇被发现，包括山奈酚、槲皮素、芦丁、槲皮素-3-阿拉伯糖苷、槲皮素-3-半乳糖苷、槲皮素-3-葡萄糖苷、槲皮素-3-吡喃半乳糖苷、槲皮素-3-吡喃葡萄糖苷、槲皮素-3-吡喃阿拉伯糖苷、槲皮素-3-呋喃阿拉伯糖苷、槲皮素-3-木糖苷、槲皮素-3-鼠李葡萄糖苷和槲皮素-3-鼠李糖苷，前12种分布在苹果果皮中，最后一种是唯一分布在果肉中的黄酮醇（聂继云等，2010）。二氢查耳酮主要包括根皮苷、3-羟根皮苷、3-羟根皮素-2′-葡萄糖苷、根皮素-2′-木糖葡萄糖苷、3-羟根皮素-2′-木糖葡萄糖苷、根皮素木糖半乳糖苷和根皮素木糖葡萄糖苷等7种类黄酮。花色苷是以黄酮核为基础的可以呈现红色的一种水溶性化合物，广泛存在于植物不同器官的细胞液中，使植物器官呈现红色、紫红、蓝色等不同颜色（Martin et al，1993），在苹果中，主要包括矢车菊素-3-半乳糖苷、矢车菊素-3-阿拉伯糖苷和矢车菊素-3-木糖苷，其中矢车菊素-3-半乳糖苷的比例可以占到花青苷的98%（Guo et al，2016）。

酚酸（酚羧酸）是苹果中一类酸性次生代谢产物，是一类含有酸环的有机酸。酚酸作为食品中的一种功能性成分，由于其抗癌、抗病毒、抗菌和有效的抗氧化活性而备受关注（Khadem and Marles，2010）。酚酸共有两类，包括苯甲酸衍生的羟基苯甲酸（C6-C1）和羟基肉桂酸（C6-C3），羟基肉桂酸由苯环与丙-2-烯酸残基（ACH@CHACOOH）偶联而成，这两类化合物都可以通过芳香环的羟基化（即一元、二元或三元）和（或）甲氧基化进行修饰（Khadem and Marles，2010）。酚酸的功能活性取决于芳香环上羟基化和甲基化的程度和排列（Robards et al，1999）。例如，甲基化咖啡酸（阿魏酸）对低密度脂蛋白氧化的抑制作用低于咖啡酸（Meyer et al，1998）。当咖啡酸酯化为奎宁酸（如绿原酸）时，体外抗氧化活性降低，而咖啡酸二聚体表现出较强的DPPH清除活性（Chen and Ho，1997）。了解酚酸在一种苹果及产品中的范围和分布对于深入理解苹果及其产品非常重要。饮食中最常摄入的酚酸包括羟基肉桂酸衍生物，如对香豆酸、咖啡酸、阿魏酸和芥子酸（El Gharras，2009）。在植物中，只有一小部分以游离酯的形式存在。大多数与结构成分（纤维素、蛋白质、木质素）或小分子（如类黄酮、葡萄糖、奎宁酸、莽草酸、乳酸、苹果酸和酒石酸）或其他天然成分（如萜烯）通过酯、醚或缩醛键相连（Bravo，1998；Mattila and Hellstrom，2007；Łata，et al，2009）。结合酚酸可通过碱性水解或酸性水解释放（Kim et al，2006；Mattila and Kumpulainen，2002；Nardini et al，2002）。Lee等（2017）用高分辨质谱法对4个苹果品种（富士、金冠、粉红女士、澳洲青苹）果肉和果皮中的游离酚酸和结合酚酸进行了定性定量分析，共鉴定出25种酸性酚，它们分别属于羟基苯甲酸、羟基肉桂酸、羟基苯乙酸和羟基苯丙酸。羟基肉桂酸包括二咖啡酰奎宁酸(dicaffeoylquinic acid)、绿原酸(chlorogenic acid)、咖啡酸(caffeic acid)、迷迭香酸(rosmarinic acid)、古马酰奎宁酸(coumaroylquinic acid)、对香豆酸(p-coumaric acid)、阿魏酸(t-ferulic acid)和芥酸(sinapic acid)等。羟基苯甲酸包括没食子酸甲酯(methyl gallate)、原儿茶酸(protocatechuic acid)、丁香酸(syringic acid)、4-羟基苯甲酸(4-hydroxybenzoic acid)、没食子酸乙酯(ethyl gallate)、香兰酸(vanillic acid)、苯甲酸(benzoic acid)、水杨酸(salicylic acid)。羟基苯乙酸包括羟基苯乙酸(hydroxy phenylacetic acid)、苯乙酸(phenylacetic acid)、高藜芦酸(homoveratric acid)等。羟基苯丙酸包括3-(4-羟基苯基)丙酸(3-(4-hydroxyphenyl) propionic acid)。

苹果多酚的种类和含量因苹果的品种、成熟度、分布部位、生长环境和管理条件等因素的差异而不尽相同。Podesedek等(2000)对埃尔斯塔、艾尔瓦、国光、瓦塔、乔纳金等10个栽培品种的苹果进行了多酚组成的研究,结果发现埃尔斯塔和艾尔瓦两个品种中儿茶素含量要高于其他的品种(绿原酸的含量很高)。Taso等(2003)利用高效液相色谱法对红元帅、金冠、恩派、科特兰、旭苹果、陆奥艾达红和君袖等8个栽培品种中的酚类组分进行了定性及定量分析,结果发现在红元帅、艾达红和科特兰中不含有3-羟根皮素-2'-木糖葡萄糖苷;在金冠和陆奥苹果中不含有矢车菊素-3-半乳糖苷;在恩派中不含有原花青素$B_1$和儿茶素(Tsao et al,2003)。唐传核(2001)也证明了黄酮醇类化合物和二氢查耳酮在未成熟苹果中含量较多,而儿茶素、原花青素、绿原酸则是成熟时期苹果的主要多酚类物质。在现有的栽培品种中,白皮白肉及红皮白肉的果肉中都不含有矢车菊素-3-半乳糖苷,它仅在于红苹果果皮中被发现(Tsao,2003;Vrhovsek,2004)。据报道,不同苹果的果皮与果皮,果肉与果肉间酚酸的含量也存在显著差异,各品种中果肉中酚酸的含量显著高于果皮(Escarpa and González,1998;Huber and Rupasinghe,2009;Vrhovsek,2004;Łata et al,2009;Lee,2017)。苹果皮中酚酸的含量范围在227.5~915.4 mg/kg DW,而果肉中酚酸的含量范围在405.1~1429.0 mg/kg DW(Lee,2017)之间。聂继云等(2010)报道了22个野生苹果种质资源的总黄酮含量显著高于栽培苹果,类黄酮含量范围在3654.6~24223.7 mg/kg之间。许海峰等(2016)也证明了红肉苹果的总黄酮含量显著高于白肉苹果,类黄酮的含量范围在1.9~3.1 mg/g FW[①]之间,且不同红肉苹果的花青苷含量也存在显著差异,花青苷含量范围在2.2~23.9 U/g FW之间。

① FW指鲜重。

### 1.2.3 萜类化合物

苹果中含有的萜类化合物主要是三萜类，据不完全统计，共有 24 种三萜类成分被报道（王皎等，2011），主要包括熊果酸（ursolic acid）、2α-羟基熊果酸（2α-hydroxyursolic acid）、山楂酸（maslinic acid）等。Frighetto 等（2008）对富士、嘎啦等 4 个苹果品种果皮中熊果酸的含量进行了测定，结果表明四种苹果果皮中熊果酸的含量范围在 0.2～0.8 $mg/cm^2$ 之间。

苹果中的三萜类化合物对人体乳腺癌细胞（MCF-7、MDA-MB-231）、肝癌 HepG2 细胞等具有很好地抑制作用，Jiang 等（2016）也证实了从苹果中分离提取的 2α-羟基熊果酸可以很好的抑制人体乳腺癌 MDA-MB-231 细胞的增殖，并通过 p38/MAPK 信号转导途径诱导人乳腺癌 MDA-MB-231 细胞 G1 周期阻滞及细胞凋亡。此外，植物甾醇（phytosterols）也是苹果中一种重要的萜类物质，主要分布在苹果果皮和苹果种子中（谭飔等，2013）。He 和 Liu（2008）采用生物活性导向分级法从苹果中分离鉴定出了豆甾-5-烯-3β-醇、谷甾醇和胡萝卜苷三种植物甾醇类成分。

### 1.2.4 维生素

苹果果实中主要包含维生素 A、维生素 $B_3$、维生素 C、维生素 E、胡萝卜素、核黄素、泛酸、叶酸和硫胺素等维生素类物质（谭飔等，2013；刘铁铮等，2005；王皎等，2011）。其中维生素 C 是一种水溶性维生素，又称为抗坏血酸，是人体内所必需的营养物质，对维持人体的生命活动具有重要的价值。苹果中维生素 C 的含量平均为 2.8 mg/100 g，比猕猴桃、橙子、柠檬等水果偏低（聂继云等，2012）。曹慧等（2011）采用毛细管电泳法对 5 个不同苹果品种中维生素 C 含量进行了测定，研究结果表明“金将军”中维生素 C 的含量最高为 9.5 mg/100 g。苹果不同部位抗坏血酸的含量也存在差异，Li 等（2008）证实了嘎啦苹果果皮中抗坏血酸的含量显著高于果肉中抗坏血酸的含量。

### 1.2.5 其他成分

苹果中还含有钙、铁、锌、钾、铜、硫、镁、锰等人体必需的微量元素及蛋氨酸（Met）、缬氨酸（Val）、苯丙氨酸（Phe）、赖氨酸（Lys）、苏氨酸（Thr）、亮氨酸（Leu）、异亮氨酸（Ile）等人体必需氨基酸（刘铁铮等，2005；路滨键等，2018），并且不同苹果品种之间存在差异。路滨键等(2018)对5个红肉苹果品种和1个白肉苹果品种中的氨基酸和矿物质含量进行了测定,结果表明红肉苹果中总氨基酸和必需氨基酸的含量均高于白肉苹果嘎啦,红肉苹果"红勋5号"和"新疆2号"中钙、铁、钾、镍、锌元素含量均高于白肉苹果嘎啦。此外,苹果植株体内还含有一些非激素内源调节物质(多胺、酚类等)和基本的内源激素物质(乙烯、脱落酸、赤霉素、生长素、细胞分裂素)(邹养军等,2002)。

# 1.3　苹果多酚

苹果多酚是苹果在生长发育的过程中广泛存在的次生代谢产物,是苹果中所有酚类物质的总称,主要存在于根、叶、皮、果中,其种类和含量因品种、成熟度、部位、环境等因素而有很大的区别。苹果因为含有丰富的多酚类物质,对改善人体的健康具有重要的作用,因此备受消费者的喜爱。另外,苹果多酚具有很好的风味和溶解性,方便用于食品和药品的添加,在2000 mg/kg的剂量下,不会出现临床、化学、组织病理学、血液学和泌尿系统的影响(Shoji et al,2004)。苹果在进行加工的过程中,多酚还可以与果汁中的蛋白质形成聚合物,是造成果汁浑浊和褐变的主要因素(Borneman et al,2001)。加工苹果中的多酚种类和含量直接决定了苹果酒的颜色和收敛性。随着对苹果多酚研究的不断深入,其即将成为食品、药品和护肤品的重要添加元素。因此加强对应用型红肉苹果多酚的研究,对提高苹果多酚的利用度,拓宽苹果多酚的应用范围,扩大苹果多酚的应用前景具有非常重要的意义。

## 1.3.1　苹果多酚的分类

苹果多酚结构复杂,种类繁多。按分子量大小可分为低分子量的简单酚类物质和具有高聚合结构的大分子聚合物,其中简单酚类物质主要包括儿茶素、表儿茶素、绿原酸等,高聚合结构的大分子聚合物主要包括原花青素高聚物(图1.1)等;按照化学结构来看,苹果多酚主要包括黄-3-烷醇、黄酮醇、花青苷、二氢查耳酮和羟基肉桂酸五大类,酚类物质的结构如图1.2所示。前四种酚类物质也称为中性酚,羟基肉桂酸为主要的酸性酚,其中酸性酚类物质约占总酚的1/3,而黄酮类化合物则可占到总酚的2/3(姜慧等,2004)。黄烷醇是酚类物质中含量最为丰富的一种，所占比例高达 40%～89%，包括儿茶素、表儿茶素以及原花青素和高聚合物；其次是羟基肉桂酸类，所占比例在 1%～31%之间，黄酮醇类所占比例为 2%～10%，二氢查耳酮类所占比例为 0.5%～5%，花青苷所占比例约为 1%（Wojdylo et al，2008）。

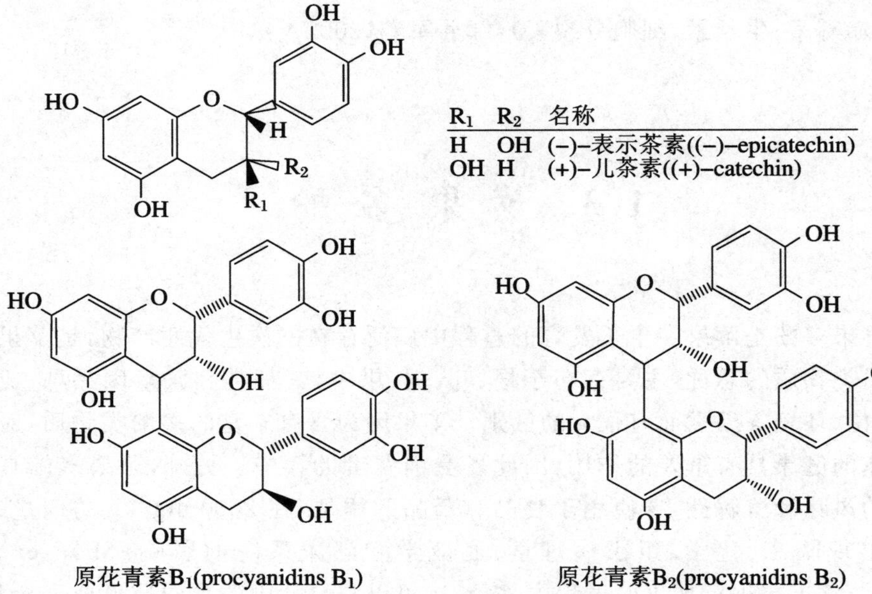

| $R_1$ | $R_2$ | 名称 |
| --- | --- | --- |
| H | OH | (−)–表示茶素((−)–epicatechin) |
| OH | H | (+)–儿茶素((+)–catechin) |

原花青素$B_1$(procyanidins $B_1$)　　原花青素$B_2$(procyanidins $B_2$)

**图 1.1　原花青素高聚物结构**

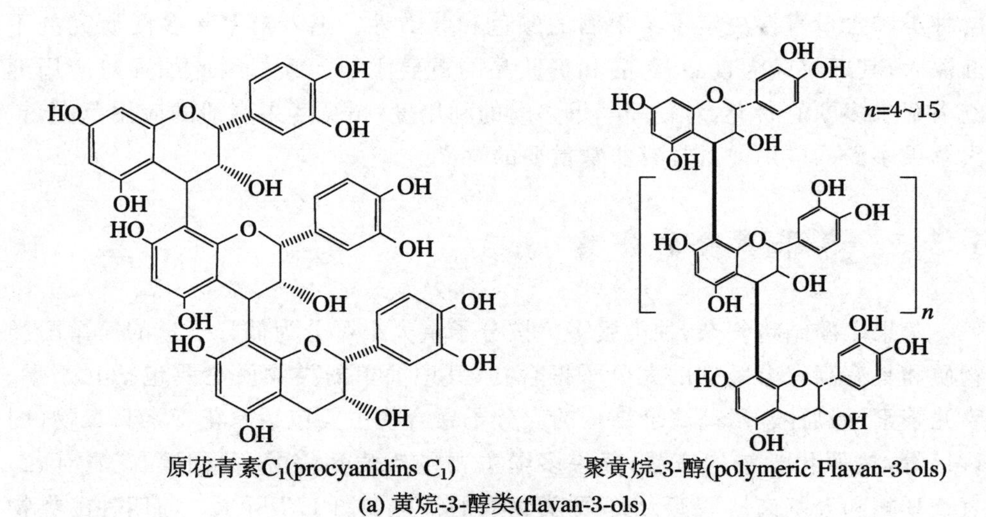


原花青素$C_1$(procyanidins $C_1$)　　聚黄烷-3-醇(polymeric Flavan-3-ols)

(a) 黄烷-3-醇类(flavan-3-ols)

**图 1.2　苹果中黄烷-3-醇类、黄酮醇类、二氢查耳酮类、花色苷类和羟基肉桂酸类化合物结构**（冉军舰，2013）

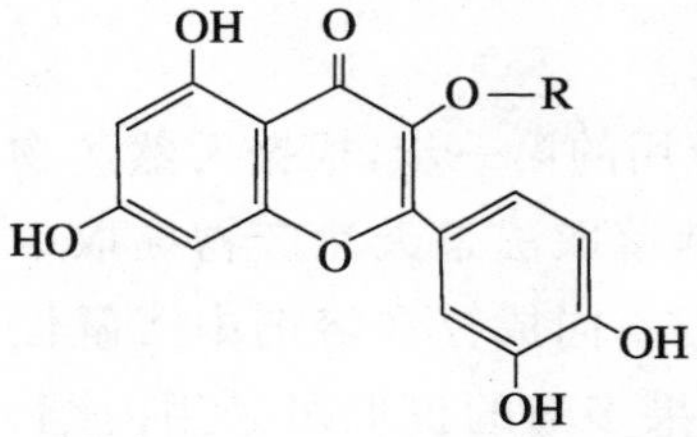

| R | 名称 |
|---|---|
| H | 槲皮素(quercetin) |
| rhamnose | 槲皮苷(quercitrin) |
| glucose | 异槲皮苷(isoquercitrin) |
| galactose | 金丝桃苷(hyperin) |
| rhamnose-glucose | 芦丁(rutin) |
| arabinofuranose | 扁蓄苷(avicularin) |

(b) 黄酮醇类(flavonols)

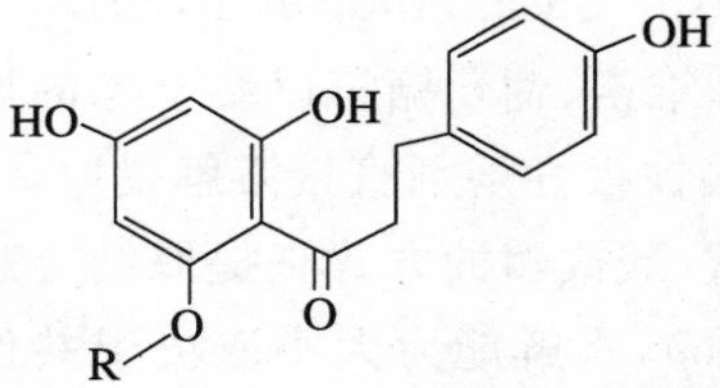

| R | 名称 |
|---|---|
| H | 根皮素(phloretin) |
| glucose | 根皮苷(phloridzin) |
| Xyl-Glc | 根皮素-2′-木糖葡萄糖苷 (phloretin-2′-xyloglucoside) |

(c) 二氢查尔酮类(dihydrochalcones)

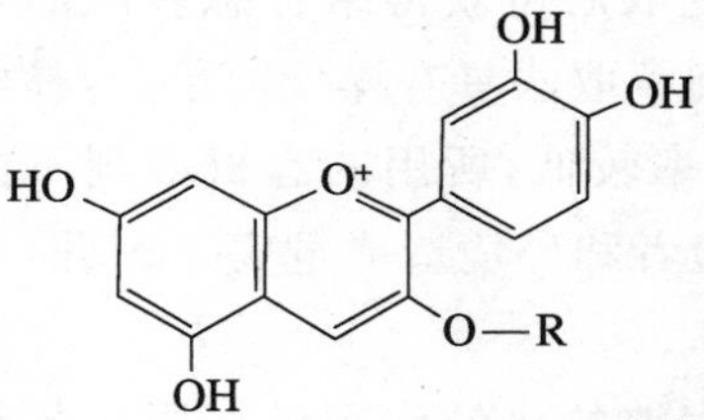

| R | 名称 |
|---|---|
| H | 花青素(anthocyanidin) |
| galactose | ideain |

(d) 花色苷类(anthocyanins)

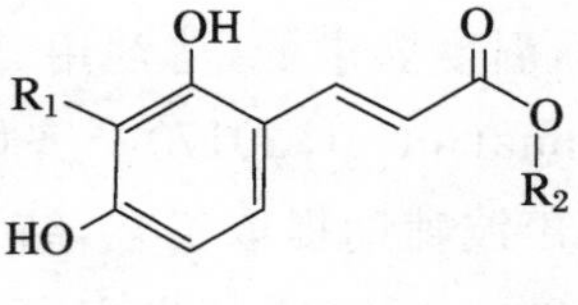

| $R_1$ | $R_2$ | 名称 |
|---|---|---|
| OH | 奎尼酸 | 绿原酸(chlorogenic acid) |
| OH | H | 咖啡酸(caffeic acid) |
| $OCH_3$ | H | 阿魏酸(ferulic acid) |
| H | H | 对-香豆酸(p-coumaric acid) |

(e) 羟基肉桂酸类(hydrocinnamic acids)

**续图 1.2 苹果中黄烷-3-醇类、黄酮醇类、二氢查耳酮类、花色苷类和羟基肉桂酸类化合物结构**(冉军舰,2013)

## 1.3.2 苹果多酚的提取纯化

近些年来,天然多酚的分离提取及营养保健作用已经受到了广大研究工作者的关注。进一步提高多酚的提取率和纯度是苹果多酚研究的主要方向。

#### 1.3.2.1 苹果多酚的提取

苹果多酚的提取是研究天然产物研究及应用的第一步，根据天然产物种类及成分的不同可以采用不同的提取方法。溶剂萃取法是天然产物提取中最为普遍的一种方法，它根据相似相溶的原理，利用不同成分在溶剂中溶解性的差异将目标成分浸提出来。研究发现，游离态苹果多酚的提取可采用丙酮、甲醇和乙醇的水溶物进行，其中溶剂浓度、提取温度、料液比和提取时间对提取率有着重要的影响(Nie et al,2015；Wen et al,2015；Casagrande et al,2018)。生物质中结合态多酚则主要与木质素、蛋白质、纤维素、葡萄糖等以结合态的形式存在于植物细胞中(Jung et al,2002)，不能直接被极性溶剂直接溶解提取，一般采用向游离态多酚提取后获得的残渣中添加碱、酸或酶的方式来提取结合态多酚(Acosta Estrada et al,2014；Kim et al,2006)，水解能力大小取决于共价键的类型和比例。Li 等(2020)报道了甲醇水溶液提取游离态多酚后，经过不同顺序酸液和/或碱液水解残渣，再用乙酸乙酯提取后可获得结合态多酚的含量为6.82～8.12 mg GAE/g DW。虽然有机溶剂萃取法具有操作简单、容易实现等优点，但提取时间长，对多酚选择性差，提取率较低，所用的有机溶剂不能重复使用、消耗大，挥发的一些有害物质会对实验者和环境造成危害。因此，可以采用其他辅助方法来提高溶剂萃取法的提取率。

超声波辅助提取法是利用一定频率超声波的机械作用破坏原料的细胞组织，利用超声波的空化作用，造成细胞壁及生物体的破裂，增强有效成分的溶出，大大缩短了提取时间。该法操作简单，提取率高，温度要求低，溶剂用量少，是目前实验室常用的一种提取多酚的方法(Chenmat et al,2017)。齐娜等(2016)采用响应面法优化了新疆红肉苹果多酚的超声波辅助提取工艺，结果发现料液比为1∶4，超声功率为360 W，62 ℃下提取20 min，获得苹果多酚的得率最大。此外，还出现了微波辅助提取法、酶辅助提取法、超临界流体萃取等一些新型的提取方法。李健等(2011)采用微波辅助响应面法优化了苹果多酚的提取工艺，即微波功率为640 W、料液比为1∶14、乙醇浓度为50%、提取时间为70 s时，苹果多酚的提取率最高，此操作简便快速，可降低溶剂消耗，减少萃取时间，在多酚提取中应用广泛。果胶酶、木聚糖酶、纤维素酶及酯酶等生物酶具有高效、专一等特性，是天然活性成分提取过程中常用的酶类，它们在生物酶提取法中可单独使用，也可混合使用。李映等(2020)用纤维素酶和果胶酶作为复合酶(2.4%，pH 5.6)进行了茶多酚的提取，当料液比为1 mg∶10 mL，60 ℃提取75 min后，茶多酚的提取率提高了55.94%。Gómez-García 等(2012)也进行了酶辅助法提取葡萄皮渣中酚类物质的研究，结果显示 Novoferm 对葡萄渣中酚类物质释放的影响最大，不同酶的影响效果不同。因此，酚类物质在提取的时候，应根据组织结构的不同选择合适的酶。生物酶提取具有耗时短、得率高等优点，通常与其他提取方法相结合以提高多酚的提取率。顾仁勇等(2015)用超临界 $CO_2$ 萃取技术对八月瓜的幼果多酚进行了提取，与常规提取方法相比多酚的提取率和纯度均大大提高。此技术具有分离效果好、绿色环保、得率高等优点，但成本较高(Natolino et al,2016)。

#### 1.3.2.2　苹果多酚的纯化

从苹果中提取获得的多酚粗提物，其纯度较低、成分复杂，需要进一步通过分离纯化才能获得高纯度的多酚提取物或多酚单体化合物。目前，苹果多酚常用的纯化方法主要有大孔吸附树脂法、离子沉淀法、膜分离法、凝胶分离法、液液萃取法及色谱法等。

大孔吸附树脂法是根据选用不同的吸附剂从粗提物中选择性地吸附多酚粗提物中的目标成分，去除其他无效成分的一种多酚提纯方法。大孔吸附树脂根据树脂表面性质可分为极性、中性和非极性三大类。近些年来，由于其操作简便、产量大、纯度高、介质物化性质稳定、易回收、成本低等优点被广泛用于天然多酚的分离纯化中。西北农林科技大学冉军舰(2013)对六种不同的大孔吸附树脂对苹果多酚的吸附率和解析率进行了测定，优化得出纯化苹果多酚最佳树脂为 NKA-9 树脂，其上样液浓度为 1.46 mg/mL，进样流速为 1.0 mL/min，洗脱剂为 60%乙醇，洗脱流速为 0.5 mL/min 时，苹果多酚的纯度可提高 62 倍。贺金娜等(2014)采用 XAD-7HP 型大孔吸附树脂通过优化条件，将苹果渣中多酚的纯度提高至 80.1%。而张茜等(2007)则通过实验确定非极性的 D141 是纯化石榴皮多酚的最佳树脂。

固相萃取技术是根据苹果多酚目标成分和杂质在固定相上保留的时间和能力不同来实现目标成分和杂质的分离。贺金娜(2014)通过比对四种固相萃取小柱对苹果多酚的分离效果，筛选出 Wters Oasis HLB 固相萃取小柱对苹果多酚提取液进行分离纯化，高效液相色谱检测得到 7 种中性酚(表儿茶素、槲皮苷、异槲皮素、根皮素、根皮苷、原花青素 $B_2$、芦丁)和 3 种酸性酚(绿原酸、香豆酸、咖啡酸)。这种方法操作简便，纯度高，杂质干扰少，在天然产物分离提纯及组分鉴定中应用广泛。

### 1.3.3　苹果多酚的生物活性

苹果多酚有多种生理功能，大量的研究表明苹果多酚有较强的抗氧化功能

(Grindel et al,2014),对抵抗炎症(Jung,2009),抗肿瘤(He and Liu,2008;Faramarzi et al,2015),预防冠心病(Weichselbaum et al,2010)、肥胖、心脑血管疾病、动脉粥样硬化(王振宇等,2010)、糖尿病(Schulze et al,2014)等都有有益的作用,因此其在食品、医药、日用化工等领域具有广阔的应用前景。

#### 1.3.3.1 抗氧化

苹果多酚类化合物有很强的抗氧化作用,Wolfe 等(2003)对四个苹果品种的抗氧化能力进行了研究,结果表明,所有品种中果皮的抗氧化能力显著高于果肉和整个果实,并且酚类物质含量越高,抗氧化能力越强。与常见水果相比,苹果含有较多的游离多酚,更有利于人体的吸收和利用。Wang 等(2015)也对红肉苹果和白肉苹果不同部位的抗氧化能力进行了研究,结果表明红肉苹果果肉的抗氧化能力显著高于白肉苹果的果肉,这可能与红肉苹果果肉含有更多的酚类物质有关。苹果中不同类黄酮化合物的抗氧化能力也不尽相同,Lotito 等(2004)对苹果中的酚类化合物的抗氧化能力进行了研究,结果表明苹果中的黄酮类、黄烷醇类化合物比绿原酸、羟基苯乙烯、二氢查耳酮类化合物的抗氧化能力要强。此外,Grindel 等(2014)也证实了富含多酚的苹果渣提取物可以减少 2 型糖尿病患者的 DNA 氧化损伤嘌呤。

#### 1.3.3.2 抗癌细胞增殖

癌症是一种危害公众健康的可怕疾病,也是全球三大导致死亡的原因之一,严重威胁着人类的健康和生命,癌症的治疗是一个全球性的挑战(Jemal et al,2011;Park et al,2007)。食用功能性食品、新鲜水果和蔬菜是降低各种癌症发病率和提高患者生活质量的有效途径(Joshipura and Kaumudi,2001)。众所周知,苹果多酚可以预防癌症的发生。He 和 Liu(2008)采用生物活性导向分级法对红肉苹果的果皮进行了生物活性成分的化学鉴定及分离纯化,结果表明其苹果皮具有较强的抗氧化活性,分离纯化物槲皮素和槲皮素-3-O-β-D-吡喃葡萄糖甙对 HepG2 人肝癌细胞和 MCF-7 人乳腺癌细胞具有较强的抗增殖活性。Yang 等(2009)也证实了苹果多酚根皮素可以通过诱导人 HepG2 细胞凋亡来增强紫杉醇的抗癌作用。Reagan-Shaw 等(2010)采用有机嘎啦苹果皮多酚提取物对多种癌细胞的增殖能力进行了评估,结果表明苹果皮多酚提取物显著抑制了人前列腺癌 CWR22Rnu1 和 DU145 细胞以及乳腺癌 MCF-7 和 MCF-7:Her18 细胞的生长和克隆,并且它的抗增殖作用伴随着前列腺癌和乳腺癌细胞的 G0-G1 期阻滞。Faramarzi 等(2015)也用古老的红肉苹果品种 Bekran 和 Bastam 对不同细胞系的癌细胞进行抗增殖能力的研究,结果表明它们均能有效地抑制 HeLa、HepG2、A549、SH-5YSY 和 SK-N-BE(2)-C 细胞的增殖。此外,研究发现一些苹果多酚可以增加唾液中·NO的释放,Laura 等(2005)用苹果匀浆中提取的水提物研究了 pH 值为 2 时对人唾液中·NO释放的影响,结果表明苹果匀浆中的多酚提取物增加了唾液酸化引起的·NO释放,其中绿原酸和儿茶素是最活跃和最集中的酚类物质,而阿魏酸则没能增加·NO释放,一些苹果多酚不仅能抑制亚硝化/硝化作用,而且能促进胃内·NO的生物有效性。

#### 1.3.3.3 抗菌消炎

众所周知,苹果多酚具有抗菌消炎的作用。Fattouch 等(2008)用苹果果皮和果肉的多酚提取物对不同菌株进行了抗菌活性分析,结果表明金黄色葡萄球菌(*Staphylococcus aureus*)、铜绿假单胞菌(*Pseudomonas aeruginosa*)和蜡样芽孢杆菌(*Bacillus cereus*)对活性提取物最敏感,最小抑菌和杀菌浓度范围为 $10^2 \sim 10^4$ μg/mL。郝少莉等(2007)采用苹果渣纯化物对细菌、霉菌、酵母菌进行了抑制作用的研究,结果表明,多酚提取物对细菌(大肠杆菌和金黄色葡萄球菌)的抑制作用较强,最低抑制浓度均为 0.015%(w/w),最佳 pH 值在 5.0～6.0之间,而对实验所选用的霉菌和酵母菌抑制效果不明显。苹果多酚提取物可以有效地控制水稻瘟疫和番茄晚疫病,Shim 等(2010)也证实了苹果果实中的根皮素可以有效地防治一些植物的病害,对黑斑病菌、辣椒疫霉菌、菌核病等病原真菌有抗菌活性。此外,苹果多酚提取物还可以增加口腔液的抗氧化活性,抑制牙周致病菌的活性,有效地抑制牙龈炎,改善口腔疾病(Stefano et al,2009;Lim et al,2011)。

#### 1.3.3.4 预防心脑血管疾病

心脑血管疾病严重地威胁着人类的健康,许多研究表明苹果多酚可以有效地预防心脑血管疾病。Keli 等(1996)对 1970 年对 552 名 50～69 岁的男性进行随访 15 年的研究,结果发现饮食中主要类黄酮成分槲皮素在调整潜在混杂因素(包括维生素)后与中风的发病率呈负相关,经常摄食黄酮类化合物或其来源食物可以减少中风的发生。苹果类黄酮还可以降低血压,Bondonno 等(2012)也发现富含类黄酮的苹果可以独立地增强一氧化氮的状态,增强内皮功能,并急性降低血压,这些结果可能有益于心血管健康。此外,也有研究表明一些类型的儿茶素可以降低冠心病的死亡率,Arts 等(2001)报道了儿茶素的摄入与冠心病的死亡风险呈负相关,这种负相关尤其在不吸烟、无心血管疾病和无糖尿病等低冠心病风险的妇女中最为明显,但是预防效果与儿茶素的类型密切相关，例如苹果和葡萄酒中的儿茶素与冠心病呈负相关而茶中的儿茶素则与冠心病死亡无关。有研究报道苹果多酚还具有降低血脂、预防动脉粥样硬化的功能，王振宇等(2010)采用不同浓度的苹果多酚对小鼠的脂肪代谢进行了相关研究，结果发现苹果多酚可以有效地降低血脂水平，预防动脉粥样硬化。

#### 1.3.3.5 预防糖尿病

糖尿病是一组以高血糖为特征的代谢性疾病，严重威胁着人类的健康，主要由胰岛素分泌缺陷或其生物作用受损导致血糖升高。赵艳威等(2014)用苹果多酚对链脲佐菌素诱导的糖尿病大鼠的血糖、血脂及糖耐量进行研究，结果发现苹果多酚可以明显降低糖尿病大鼠模型体内的血糖含量，其降糖机制与加强葡萄糖向外周细胞的转运作用和抑制 α-葡萄糖苷酶活性有关。王峰等(2018)用不同浓度的苹果多酚及它的活性单体对糖尿病模型小鼠肾中糖代谢相关基因的表达进行了研究，结果表明，与处理组相比，苹果多酚及其活性单体可以有效地改善小鼠的糖尿病，且根皮苷的效果最好，小鼠糖尿病的改善与苹果多酚及其单体对小鼠肾中糖代谢相关基因的调节有关。李群(2015)也证实了苹果多酚能够有效地降低高糖高脂膳食加 STZ 诱导的糖尿病模型小鼠的血清 MDA、血糖和血脂水平，减轻胰岛素的抵抗，通过提高 PPARγ mRNA 的表达调节小鼠血糖和血脂的代谢。

#### 1.3.3.6 其他作用

有关苹果多酚的生物活性还涉及很多方面，Ruth 等(2009)证明了苹果多酚提取物能提供神经保护，以至于它们能影响阿尔茨海默病(AD)的特征和一些症状。苹果多酚还可以以浓度依赖的方式抑制甲硫醇(口腔臭气的主要成分)的产生，清新口气(Robichaud et al，1990)。此外，Zuercher 等(2010)发现食用苹果提取物可以通过效应细胞释放的介质减少蛋白质-多酚相互作用的致敏性，减少过敏性皮炎和呼吸道过敏的发生率。在化妆品领域，多酚也起着非常重要的作用，Kishi 等(2005)从未成熟苹果中对缩合单宁进行了提取分离，确定了它可通过有效地抑制透明质酸酶的活性和组胺的游离来实现抗过敏作用。

# 1.4　苹果酒的加工

苹果酒是以新鲜苹果汁或浓缩苹果汁为原料在微生物（主要是酿酒酵母）的作用下发酵生成的一种果酒。苹果酒是世界上仅次于葡萄酒的第二大果酒品种，具有丰富的营养成分及较大的保健价值，发展迅速。苹果酒的香气成分非常复杂，已经鉴定出300多种物质可以影响苹果酒的风味，这些物质主要是高级醇和酯，但也涉及挥发性酸、萜烯、醛和酮（Jarviset al，1995；Mangas et al，1996）。香气成分是影响苹果酒风味和特性的重要因素，也是评价苹果酒质量的重要指标，决定着苹果酒的风格和类型（Wang et al，2004）。

苹果酒的加工通常涉及两种生物发酵：酒精发酵（alcoholic fermentation，AF）和苹果酸-乳酸发酵（malolactic acid fermentation，MLF），它们分别由酵母菌和乳酸菌（LAB）完成。苹果酒的质量主要取决于苹果原料和发酵工艺，俗话说“七分原料三分工艺”，原料的质量直接决定了最终苹果酒的质量。而我国目前尚未出现专门酿造苹果酒的加工品种，主要用红富士、国光和新红星等鲜食品种进行苹果酒的加工。红肉苹果含有丰富的酚类物质，会增加苹果酒的“骨架成分”。因此，用红肉苹果作为原料酿制的苹果酒不仅增强了苹果酒的口感还增加了苹果酒的营养价值。然而，用红肉苹果来生产酿造苹果酒的研究国内外鲜有报道。

一般来说，红肉苹果中的苹果酸含量较高，会大大降低苹果酒的口感。苹果酸-乳酸发酵通常用于葡萄酒的脱酸、增强微生物稳定性和产生理想的风味化合物（Bartowskyet al，2002）。MLF是一种由乳酸菌进行的二次生物发酵，常见的用于苹果酸乳酸发酵的乳酸菌主要有酒类酒球菌（*Oenococcus oeni*）、乳酸杆菌、肠膜明串珠菌和片球菌（Ugliano and Moio，2005）。而酒类酒球菌是最适合用于苹果酸乳酸发酵的细菌种类，因为它对恶劣的葡萄酒发酵环境（低pH值、高酒精度和$SO_2$）具有很强的耐受性，而且产生的生物胺代谢物水平较低（Lonvaud-Funel，1999）。在MLF过程中，*O. oeni*通过苹果酸乳酸酶将L-苹果酸（一种酸味酸）转化为L-乳酸（一种更柔软的酸）和$CO_2$，以提高葡萄酒质量。然而，目前用于苹果酒发酵的*O. oeni*菌株几乎都是从国外葡萄酒中选育出来的商业*O. oeni*菌株。*O. oeni*在苹果酒中的应用尚处于试验筛选阶段，目前尚未用于工业化生产。适合于红肉苹果酒MLF发酵的*O. oeni*菌株的筛选及应用尚未见报道。

传统意义上来说，苹果酸-乳酸发酵在酒精发酵结束后顺序进行，或者说苹果酸-乳酸发酵细菌在酒精发酵结束后通过自发或连续接种启动苹果酸-乳酸发酵，以防止产生过多的乙酸(Massera et al,2009)。然而，由于酒精发酵结束后酒精和酵母菌代谢产物的产生，往往影响一些 *O. oeni* 菌株的生长，导致苹果酸-乳酸发酵不能正常启动。为了缓解这一缺点，可以将酵母和细菌培养物同时接种到果汁中，使细菌逐渐适应恶劣的葡萄酒发酵环境(Jussier et al,2006)。葡萄汁和荔枝汁已通过同步接种酵母菌和乳酸菌的方式成功地完成了共发酵(Taniasuri et al,2016;Chen and Liu,2016)。同时对酵母菌和乳酸菌进行接种可以大大缩短发酵时间，但是由于细菌的快速生长，也可能抑制酵母菌的生长和代谢。这也可能导致发酵产生过多的挥发酸或将酒精发酵提前终止(Nehme et al,2008)。因此，顺序发酵和同时进行苹果酸-乳酸发酵的优势和风险并存，尤其是在对果酒成分的影响上。

## 1.5　本书研究的目的及意义

随着人们健康意识的不断提高，消费者对使用天然水果或食物来改善健康越来越感兴趣。水果和蔬菜中的成分，特别是天然抗氧化剂，可以延缓代谢引起的氧化应激、癌症的形成或发展，以及预防心血管疾病等慢性疾病的产生。苹果是世界上普遍受欢迎的水果，富含多种营养成分和生物活性物质，已经在世界各国的健康相关研究中得到了广泛的关注。苹果中的这些植物化学物质在抗氧化以及预防炎症、肥胖、高血脂症、癌症、糖尿病、动脉粥样硬化和冠心病都有着有益的作用。通过饮食预防疾病和改善健康是目前人们最为关注的一种有效的保健方式。但近几十年来，苹果育种工作者一直都在注重苹果的外观和抗病性，而忽视了苹果的健康特性。中国是世界上原产苹果资源最为丰富的国家，拥有 21 个野生种和 6 个栽培种，但目前仍存在栽培品种单一、专用的加工品种严重缺乏等问题。类黄酮含量较低的红富士是我国苹果产业的第一大品种，占比高达 70%(陈学森等,2019)。因此，利用野生苹果种质资源培育酚类物质含量高、营养价值大的苹果品种意义重大。

新疆野生红肉苹果位于天山东侧的沙漠地区，在过去的十几年里，我们的团队用 *M. sieversii f. niedzwetzkyana* 与两个优良的白肉品种("富士"和"嘎啦”)构建了一系列的杂交群体,其中出现了一些果皮和果肉均为红色的红肉苹果。这些红肉苹果的果皮和果肉均含有丰富的花青苷和其他酚类物质,营养价值很高(Chen et al,2007),有望成为多种健康食品和功能性食品的开发原料,这为苹果的加工与利用奠定了良好的基础。迄今为止相关研究主要集中在遗传结构、组织体外冷冻保存、功能苹果的育种、花青素和类黄酮的形成机制,而对于红肉苹果资源进一步的开发与利用知之甚少,尤其是红肉苹果的多酚组分、生物活性及加工应用方面。对这些资源的功能性和营养品质进行评价,并将资源优势有效地转化为育种优势及品种优势,对苹果品种资源的合理利用及苹果产业的可持续发展意义重大。因此本书研究以新疆野生苹果F2代中4个类别的红肉苹果作为研究对象,系统地评估了它们的总酚、类黄酮、黄烷醇、花青苷含量、酚类物质的组成、细胞内/外的抗氧化能力、抗癌细胞增殖的活性。选择“美红”作为研究对象进行深入研究,研究体外消化对红肉苹果果皮和果肉中酚类物质的各项指标(总酚、类黄酮、黄烷醇、花青苷和主要酚类物质组分)、胞内/外抗氧化、抗癌细胞增殖及细胞毒性的影响。通过对红肉苹果不同部位多酚提取物抗癌细胞增殖的研究进一步探讨红肉苹果的活性部位。通过研究加工对红肉苹果酒化学成分、酚类组成及抗氧化能力的影响,以确定红肉苹果酒的最佳发酵模式,并与以“富士”为原料酿造的苹果酒进行了比较,以充分挖掘红肉苹果的酿酒特性。

本研究可以加深对我国红肉苹果资源的了解,提高红肉苹果产业的科技附加值,为红肉苹果种质资源的合理开发及利用提供一定的科学依据,对苹果品种资源的合理利用及苹果产业的可持续发展意义重大。

# 第2章 红肉苹果的植物化学特征及生物活性分析

近年来,消费者对使用天然水果或食物来改善健康越来越感兴趣。水果和蔬菜含有天然抗氧化剂,可以延缓代谢引起的氧化应激、癌症的形成或进展,以及心血管疾病等慢性疾病(Liu,2013)。苹果由于富含多种生物活性物质而备受欢迎。其中红肉苹果因为含有较多的酚类物质(花青苷和类黄酮)和抗天然氧化剂,不仅可以成为较好的鲜食水果,也可以作为食品加工或植物多酚提取的原材料。目前,关于多酚类物质抗氧化的评价方法已经有很多报道,主要包含体外评价和体内评价,由于体内评价需要的时间长,成本高,操作麻烦,体外评价成为大量样品抗氧化能力评价的首选。常见的化学评价法包括 DPPH(1,1-二苯基-2-三硝基苯肼)法、$ABTS^+$ 法、$Fe^{3+}$ 还原(FRAP)法、超氧阴离子自由基清除法、羟自由基(·OH)清除法等,由于不同的化学评价方法的作用原理不同,单一方法测定的结果不能综合反映样品的抗氧化能力,需要多种方法相结合才能合理反映样品的抗氧化能力。细胞抗氧化能力(cellular antioxidant activity,CAA)是通过模拟细胞的吸收、代谢和分布来评估样品的抗氧化能力的一种方法,能够更好地预测细胞内抗氧化剂的变化。因此将不同的化学评价方法和 CAA 相结合能够更好地评价样品的抗氧化能力。但近几十年来,苹果育种家一直关注苹果的外观以及苹果的抗病性,很大程度上忽视了它们的健康特征。因此利用野生苹果种质资源培育优良苹果品种,扩大栽培苹果的遗传基础和多样性,已成为国际育种的重要课题。在过去的十年里,我们的团队已经用新疆野苹果红肉变种(*M. sieversii f. niedzwetzkyana*)与两个优良的白肉品种("富士"和"嘎啦")杂交建立了一系列的杂交群体。到目前为止,这些研究主要集中在它们的遗传结构(Chen et al,2007)、组织超低温保存(Wu et al,2008)、功能苹果育种(陈学森等,2014)、花青素和类黄酮形成机理(Wang et al,

2017a；Wang et al，2018；Xu et al，2017），以及苹果酒的加工（Zuo et al，2018）。然而，我国红肉新品种的游离酚类、结合态酚类、抗氧化活性特别是细胞抗氧化活性（CAA）和抗增殖活性等植物化学特性尚未得到系统评价。因此，系统地对红肉苹果进行营养相关的植物化学物质相关指标及生物活性的研究非常必要。本书研究旨在通过比较红苹果品种的游离酚类和类黄酮水平、抗氧化能力以及对人乳腺癌 MCF-7 和 MDA-MB-231 细胞增殖的抑制作用，来评价苹果品种的植物化学特性，研究结果可为这些新的红肉苹果品种的合理利用和推广提供良好的实验依据。

## 2.1 试验材料

### 2.1.1 苹果材料

本书研究所用的新疆红肉苹果 F2 杂交群体生长于山东农业大学冠县果树育种基地（36°29′N，115°27′E），采取相同的农业管理模式，并于商业成熟期进行采摘，采摘日期根据淀粉指数（7 级左右）来确定。采摘后的苹果用蒸馏水清洗，手工将果肉和种子分离出来。取出果核后，在液氮条件下将果实磨成细粉，然后充分混合。将粉末储存在 −80 ℃下直至进行分析。对于每个品种，使用三个重复样品（每个样品均使用来自三棵树的 10 个均匀果实）。

### 2.1.2 细胞材料

本书研究所用的人体肝癌细胞系（HepG2）和乳腺癌细胞系（MCF-7，MDA-MB-231）均是从中国科学院典型培养物保藏委员会细胞库（上海）购买的。

## 2.2 评估方法

### 2.2.1 酚类物质的提取

#### 2.2.1.1 果实游离态酚类化合物的提取

果实中游离态酚类化合物的提取参照 Wen 等(2015)描述的方法进行，稍做修改，具体操作步骤如下：

(1) 称取 25 g 样品，加入预先装有 150 mL 预冷 80%丙酮(1∶6,w/v)的三角瓶中充分混匀。

(2) 将三角瓶封口在 4 ℃下以 1000 r/min 转速避光振荡 30 min，以充分提取。

(3) 将提取液在 4 ℃下以 10000 r/min 转速离心 10 min，收集上清液。

(4) 将 150 mL 预冷 80%丙酮加入步骤(3)中的滤渣。

(5) 重复步骤(2)～(4)两次。

(6) 合并 3 次上清液于圆底烧瓶中，37 ℃下减压浓缩至小于上清液总体积的 10%停止浓缩。

(7) 用实验制得的超纯水充分润洗蒸馏烧瓶瓶壁，提取液最终定溶至 20 mL。

(8) 定容得到的提取液在 4 ℃温度下以 10000 r/mim 转速离心 10 min，收集上清液于 5 mL 离心管中，每管 4 mL，密封置于 − 40 ℃冰箱直至使用。所有样品均进行 3 个独立的生物学实验。

#### 2.2.1.2 果实结合态酚类化合物的提取

果实中结合态酚类化合物的提取参照 Wen 等(2015)描述的方法进行，稍做修改，具体操作步骤如下：

(1) 收集 2.2.1.1 中提取游离态酚类化合物得到的滤渣于 50 mL 的离心管。

(2) 加入 25 mL 浓度为 4 mol/L 的 NaOH 溶液充分混匀，室温水解

60 min。

(3) 用浓盐酸调节水解后混合液的 pH 值为 2.0。

(4) 将 50 mL 预冷的乙酸乙酯加入混合液(2∶1)中,4 ℃下以 1000 r/min 转速避光振荡 30 min,以充分萃取提取液中的结合态多酚,收集有机相。

(5) 重复步骤(4)两次。

(6) 合并 3 次获得的有机相于圆底烧瓶中,37 ℃下真空旋转浓缩至无液体残留。

(7) 用实验制得的超纯水充分润洗蒸馏烧瓶瓶壁,提取液最终定溶至 25 mL。

(8) 定容得到的溶液在 4 ℃温度下以 10000 r/min 转速离心 8 min,收集上清液于 5 mL 离心管中,密封放置于 −40 ℃冰箱直至使用。

所有样品均进行 3 个独立的生物学实验。

## 2.2.2 分光光度法测定酚类含量

### 2.2.2.1 总酚的测定

总酚含量(TPC)的测定参照 Singleton 等(1999)中描述的 Folin-Ciocalteu 法进行,稍做修改,具体操作步骤如下:

(1) 将 2 mL 提取物放置于 5 mL 离心管中,如果浓度过高,用超纯水进行适当稀释。

(2) 将 1 mL 不同浓度的没食子酸或提取物加入 15 mL 的玻璃试管中。

(3) 向每支试管中加入 1 mL Folin-Ciocalteu 试剂,手动混匀,室温静置 1 min。

(4) 向每支试管中按顺序分别加入 3 mL 浓度为 7% 的 $NaCO_3$ 溶液和 5 mL的超纯水;手动充分混匀,室温下避光反应 30 min。

(5) 用紫外可见分光光度计在 765 nm 波长下测定没食子酸和提取物反应液的吸光值($OD_{765}$)。

(6) 以没食子酸溶液浓度(0～300 mg/L)为横坐标,吸光度为纵坐标绘制标准曲线。

(7) 提取物的多酚含量通过没食子酸浓度-吸光值的标准曲线计算得到,结果以没食子酸当量(gallic acid equivalents,GAE)表示。样品进行三次独立的生物学重复,数据表示为平均值 ± SD。

#### 2.2.2.2 总黄酮的测定

总黄酮含量(TFC)的测定参照 Wang 等(2015)中描述的方法进行，稍做修改，具体操作步骤如下：

(1) 将 1 mL 提取物放于 1.5 mL 离心管中，如果浓度过高，用超纯水进行适当稀释。

(2) 将 0.5 mL 不同浓度的芦丁或提取物加入 15 mL 的玻璃试管中。

(3) 向每支试管中依次加入 1 mL 浓度为 2%的 $NaNO_2$，1 mL 浓度为 10%的 $Al(NO_3)_3$ 和 4 mL 浓度为 2 mol/L 的 NaOH，手动混匀，室温下避光反应15 min。

(4) 用紫外可见分光光度计在 510 nm 波长下测定芦丁和提取物反应液的吸光值($OD_{510}$)。

(5) 以芦丁溶液浓度(50～1000 mg/L)为横坐标，吸光度为纵坐标绘制标准曲线。

(6) 提取物的黄酮含量通过芦丁浓度-吸光值的标准曲线计算得到，结果以芦丁当量(rutin equivalent，RE)表示。

样品进行三次独立的生物学重复，数据表示为平均值 ± SD。

#### 2.2.2.3 总黄烷醇的测定

总黄烷醇含量(TFAC)的测定参照 Wang 等(2015)中描述的 p-DMACA 法进行，稍做修改，具体操作步骤如下：

(1) 将 1 mL 提取物放于 1.5 mL 离心管中，如果浓度过高，用超纯水进行适当稀释。

(2) 将 50 μL 不同浓度的儿茶素或提取物加入 5 mL 的离心管中。

(3) 向离心管中加入 2 mL 浓度为 0.1%的 p-DMACA(溶于 1 mol/L 盐酸甲醇)溶液，手动充分混匀，室温下避光反应 10 min。

(4) 用紫外可见分光光度计在 640 nm 波长下测定儿茶素和提取液反应液的吸光值($OD_{640}$)。

(5) 以儿茶素溶液的浓度(0～200 mg/L)为横坐标，吸光度为纵坐标绘制标准曲线。

(6) 提取物的黄酮含量通过儿茶素浓度-吸光值的标准曲线计算得到，结果以儿茶素当量(catechin equivalent，CE)表示。

样品进行三次独立的生物学重复，数据表示为平均值 ± SD。

#### 2.2.2.4　总花青苷的测定

总花青苷含量(TAC)的测定参照 Wrolstad(1976)描述的 pH 示差法进行，稍做修改，具体操作步骤如下：

(1) 将 3 mL 提取物放于 5 mL 离心管中，如果浓度过高，用超纯水进行适当稀释。

(2) 将 1 mL 提取物与 4 mL KCl 缓冲液(pH = 1.0)在 10 mL 的离心管中混合，手动充分混匀后，在 4 ℃温度下避光提取 15 min。

(3) 将 1 mL 提取物与 4 mL 的 NaAC 缓冲液(pH = 4.5)在 10 mL 的离心管中混合，手动充分混匀后，在 4 ℃温度下避光提取 15 min。

(4) 在每个 pH 下，用紫外可见分光光度计分别在 510 nm 和 700 nm 波长下测定反应液的吸光值差($OD_{510} - OD_{700}$)。

(5) 通过公式(2.1)计算得到吸光值 $A$：

$$A = (A_{510} - A_{700})_{pH=1.0} - (A_{510} - A_{700})_{pH=4.5} \tag{2.1}$$

(6) 提取物中总花青苷的含量用 Cy-3-G 当量(Cy-3-G equivalent，mg C3GE)表示，通过公式(2.2)计算：

$$TAC = (A \times M_W \times DF \times V \times 1000)/(\varepsilon \times M) \tag{2.2}$$

其中，$M_W$ 为 Cy-3-G 的相对分子量(449 g/mol)，$DF$ 为稀释倍数；$V$ 为提取体积；$\varepsilon$ 为 Cy-3-G 的摩尔消光系数(26900)；$M$ 为提取质量。$TAC$ 值表示为 mg Cy-3-G 当量/kg FW 或 mg C3GE/kg FW。

每个样品进行三个独立的生物学重复，数据表示为平均值 ± SD。

### 2.2.3　类黄酮的 UPLC-MS/MS 分析

类黄酮类化合物通过 UPLC-MS/MS 和 Acquity UPLC 系统(Waters)进行分析，具体操作步骤如下：

(1) 提取获得的各种酚类样品经过 0.22 μm 过膜。

(2) 液相色谱条件：色谱柱规格：Acquity BEH C18(Waters，100 mm × 2.1 mm，1.7 μm)。柱温保持 45 ℃，进样体积为 10 μL，流速为 0.3 mL/min。流动相为洗脱液 A(乙腈)和洗脱液 B(0.1%甲酸，v/v)。A 的洗脱梯度为：0～0.1 min，5% A；0.1～8 min，5%～15% A；8～12 min，15%～21% A；12～15 min，21%～60% A；15～17 min，60%～90% A；17～17.1 min，90%～5% A；17.1～20 min，5% A。

(3) 质谱分析使用配有喷雾电离源(ESI +，花青苷；ESI -，其他化合物)的三重四极杆检测器(TQD)的质谱仪(Waters)进行。质谱参数如下:毛细管电压为3.5 kV,源温度为100 ℃,进样锥电压为20 V,脱溶剂气体温度为400 ℃,脱溶剂气体流速为700 L/h。

(4) 黄酮类物质的定性和定量分析用芦丁、儿茶素、表儿茶素、没食子酸、原花青素 $B_1$、原花青素 $B_2$、表没食子儿茶素、槲皮素-3-半乳糖苷、槲皮素-3-阿拉伯糖苷、异槲皮素、槲皮素、矢车菊素-3-半乳糖苷、矢车菊素-3-阿拉伯糖苷、根皮苷等相应的外部标准品进行。

## 2.2.4 抗氧化能力的测定

### 2.2.4.1 DPPH 法

DPPH 自由基清除活性测定参照 Blois(1958)的方法进行,稍作修改,具体操作步骤如下:

(1) 将1 mL 提取物放于1.5 mL 离心管中,如果浓度过高,用超纯水进行适当稀释。

(2) 将20 μL 不同浓度的 trolox 和提取物与2 mL 浓度为 $6.5\times10^{-5}$ mol/L 的 DPPH(溶解于甲醇)溶液在10 mL 离心管中混合,手动充分混匀后,在室温下避光孵育30 min。

(3) 用紫外可见分光光度计在517 nm 波长下测定相应反应液的吸光值($OD_{517}$)。

(4) 以 Trolox 浓度(100～1000 μmol/L)为横坐标,吸光值($OD_{517}$)为纵坐标绘制标准曲线。

(5) 提取物清除 DPPH 自由基的能力通过 Trolox 浓度-吸光值的标准曲线计算得到,结果用 Trolox 当量(Trolox equivalent,TE)表示。

### 2.2.4.2 ABTS 法

ABTS 自由基清除能力的测定使用 ABTS 总抗氧化能力测定试剂盒,根据试剂盒生产制造商提供的说明书进行,具体操作步骤如下:

(1) 首先将 ABTS 溶液和氧化剂溶液(1∶1,v/v)配制成 ABTS 工作母液,配制成的 ABTS 工作母液需室温避光存放12～16 h 方可使用。配制成的 ABTS 工作母液室温避光存放,2～3天内稳定。根据样品的数量(含标准曲线)配制适量的 ABTS 工作液,具体如表2.1所示。

表 2.1　ABTS 工作母液的配制

| 待测定样品数 | 溶液体积 | | |
|---|---|---|---|
| | ABTS 溶液 | 氧化剂溶液 | ABTS 工作母液 |
| 12～20 个 | 40 μL | 40 μL | 80 μL |
| 30～50 个 | 100 μL | 100 μL | 200 μL |
| 60～100 个 | 200 μL | 200 μL | 400 μL |
| 120～200 个 | 400 μL | 400 μL | 800 μL |

(2) 使用前，把 ABTS 工作母液用 PBS 或 80% 乙醇稀释成 ABTS 工作液，要求 ABTS 工作液的吸光度减去相应的 PBS 或 80% 乙醇空白对照后，$A_{405}$ 在 1.4 左右。当待检测水溶性样品时，用 PBS 稀释，此时 ABTS 工作母液的稀释倍数为 30～50 倍；当待检测酒样时，用 80% 乙醇稀释，此时 ABTS 工作母液的稀释倍数为 35～55 倍。

(3) 将 1 mL 提取物放于 1.5 mL 离心管中，如果浓度过高，用超纯水进行适当稀释。

(4) 将 200 μL ABTS 工作液加入 96 孔板的每个检测孔中。

(5) 向 96 孔板的每孔中加入 10 μL 不同浓度的 Trolox 或提取物，轻轻混匀后，室温避光孵育 6 min。

(6) 用多功能酶标仪在 405 nm 波长下测定反应液的吸光值($OD_{405}$)。

(7) 以 Trolox 浓度(100～750 μmol/L)为横坐标，吸光值($OD_{405}$)为纵坐标绘制标准曲线。

(8) 提取物 ABTS 自由基清除能力通过 Trolox 浓度-吸光值的标准曲线计算得到，结果用 Trolox 当量(Trolox equivalent，TE)表示。

#### 2.2.4.3　FRAP 法

$Fe^{3+}$ 还原能力(FRAP)的测定参照 Benzie 和 Strain (1996)中的方法进行，稍做修改，具体操作步骤如下：

(1) 将浓度为 30 mmol/L 的醋酸缓冲液(pH = 3.6)，20 mmol/L 的氯化铁和 10 mmol/L 的 TPTZ(溶于 40 mmol/L 的 HCl)以 10 : 1 : 1(体积比)的比例混合，在 37 ℃ 温度下水浴加热 5 min，制备成 FRAP 工作液。

(2) 将 1 mL 提取物放于 1.5 mL 离心管中，如果浓度过高，用超纯水进行适当稀释。

(3) 将 10 μL 不同浓度的 Trolox 或提取物与 1 mL 超纯水置于 10 mL 的离

心管中，手动充分混匀。

(4) 向离心管中加入1.8 mL FRAP工作液，手动充分混匀，37 ℃下避光孵育10 min。

(5) 用紫外可见分光光度计在593 nm波长下测定反应液的吸光值($OD_{593}$)。

(6) 以Trolox浓度(100～10000 μmol/L)为横坐标，吸光值($OD_{593}$)为纵坐标绘制标准曲线。

(7) 提取物$Fe^{3+}$还原能力通过Trolox浓度-吸光值的标准曲线计算得到，结果用Trolox当量(Trolox equivalent，TE)表示。

#### 2.2.4.4 CAA实验

**1. HepG2细胞培养**

HepG2细胞在完全培养基(DMEM + 10% FBS + 5 μg/mL胰岛素 + 链霉素(100 μg/mL) + 青霉素(100 units/mL)，中生长，并在37 ℃，5% $CO_2$条件下培养。本研究中所使用的细胞均在15～30代之间。

**2. 细胞抗氧化(CAA)**

细胞抗氧化能力的测定参照Chen等(2015)中描述的方法进行，稍做修改，具体操作步骤如下：

(1) 当细胞培养瓶里的细胞长到大于瓶底面积80%的时候，用0.25% EDTA-胰酶消化收集细胞。

(2) 将100 μL HepG2细胞溶液以$6\times10^4$细胞/孔的密度接种于96孔板的每个孔中，因边缘效应，96孔板的边缘四周不添加细胞，用PBS代替。

(3) 37 ℃孵育24 h后，取出生长培养基，然后用无菌PBS清洗各孔细胞。

(4) 向每孔加入浓度为50 μmol/L DCFH-DA的不同浓度提取液或槲皮素标准品的培养基溶液，空白组和对照组只加入50 μmol/L DCFH-DA的细胞培养液。

(5) 将含有样品的96孔板置于5% $CO_2$培养箱中在37 ℃温度下孵育1 h，处理完后，将处理培养基彻底弃除。如果进行PBS清洗方案，每孔用100 μmol/L PBS缓冲液冲洗两次；如果进行PBS不清洗方案，直接进入步骤6。

(6) 向每孔中加入100 μL浓度为600 μmol/L的ABAP的氧化培养基(含有10 mol/L Hepes的HBSS)，立即把96孔板放入37 ℃多功能酶标板中进行激发波长为485 nm发射波长为535 nm的荧光强度监测，每5 min监测一次，持续60 min。每个96孔板分别包含6个空白组和对照组。

(7) 各浓度细胞抗氧化(CAA)值的量化采用以下公式：

$$CAA(units) = 1 - \left(\int SA / \int CA\right) \tag{2.3}$$

其中，$\int SA$是样品荧光与时间曲线下的积分面积；$\int CA$是对照组的积分面积；根据 log (*fa* / *fu*)/log (*dose*) 计算出苹果提取物的中值浓度($EC_{50}$)；*fa* 是样品处理组的效应(CAA)；*fu* 是不被样品处理的效应(1 − CAA)。$EC_{50}$ 值表示为从同一实验获得的三组数据的平均值 ± 标准差(SD)，将 $EC_{50}$ 值转化为 CAA 值，CAA 值表示为槲皮素当量(μmol QE)/100 g 样品。

## 2.2.5　乳腺癌细胞抗增殖实验

### 2.2.5.1　乳腺癌细胞的培养

MCF-7 或 MDA-MB-231 细胞在完全培养基(DMEM + 10% FBS + 5 μg/mL胰岛素 + 链霉素(100 g/mL) + 青霉素(100 units/mL))中生长，并在 37 ℃，5% $CO_2$ 条件下培养。本研究中所有使用的细胞均在 15～30 代之间。

### 2.2.5.2　细胞增殖活性的测定

提取物对乳腺癌细胞抗增殖活力的测定参照 Luo 等(2017)描述的 CCK8 法进行，稍做修改，具体操作步骤如下：

(1) 取对数生长期的 MCF-7 或 MDA-MB-231 细胞，待细胞长至 80%～90%时，用 0.25%胰酶(含 EDTA)消化收集细胞，用移液器轻轻吹打制成单细胞悬浮液。

(2) 用台盼蓝法进行细胞计数。

(3) 100 μL 的 MCF-7 或 MDA-MB-231 细胞以 $2\times10^4$ 细胞/孔的种植密度接种于 96 孔板中，因边际效应，96 孔板的四周用无菌的 PBS 代替。

(4) 种好细胞的 96 孔板放在 37 ℃的 5%$CO_2$ 细胞培养箱中培养 24 h。

(5) 将 96 孔板中的培养基弃除，用无菌 PBS 清洗两次后，加入不同浓度样品的培养基处理细胞，以不含细胞的培养基作为空白组。

(6) 在 37 ℃的 5%$CO_2$ 培养箱中处理细胞 48 h、72 h 或 96 h 后，弃除处理培养基，用无菌 PBS 清洗两遍，每孔加入 100 μL 含 10%CCK8 的细胞培养基。

(7) 在二氧化碳培养基中孵育 2 h 后，在酶标仪上振荡摇晃 3 min 并于 405 nm 处读取吸光值($OD_{405}$)，细胞活力计算采用以下公式：

$$细胞活力(\%) = (A_t - A_b)/(A_c - A_b) \times 100\% \tag{2.4}$$

其中，$A_t$ 为处理组的吸光度；$A_b$ 为空白组吸光度，$A_c$ 为对照组吸光度。每种浓度的不同样品进行 6 次生物学重复，数据表示为(平均值 ± 标准差；mean ± SD)。

(8) 半数抗增殖效果用($IC_{50}$)表示，根据样品浓度与细胞活力的回归曲线计算得出。

### 2.2.6　细胞毒性实验

提取物对人体癌细胞的毒性实验采用 MTT 法进行，参照生产制造商提供的说明书进行，具体操作步骤如下：

(1) 取对数生长期的 HepG2/MCF-7/MDA-MB-231 细胞，待细胞长至 80%～90%时，用 0.25%胰酶(含 EDTA)消化收集细胞，用移液器轻轻吹打制成单细胞悬浮液。

(2) 用台盼蓝法进行细胞计数。

(3) 100 μL 的 HepG2/MCF-7/MDA-MB-231 细胞以 $4\times10^4$ 细胞/孔的种植密度接种于 96 孔板，因边际效应，96 孔板的四周用无菌的 PBS 代替。

(4) 种好细胞的 96 孔板放在 37 ℃的 5%$CO_2$ 细胞培养箱中培养 24 h。

(5) 将 96 孔板中的培养基弃除，用无菌 PBS 清洗两次后，加入不同浓度样品的培养基处理细胞，以不含细胞的培养基作为空白组。

(6) 在 37 ℃的 5% $CO_2$ 培养箱中处理细胞 24 h 后，弃除处理培养基，用无菌 PBS 清洗两遍后，每孔加入 100 μL 含 10% MTT 溶液的细胞培养基。

(7) 在二氧化碳培养箱中孵育 4 h 后，在酶标仪上振荡摇晃 3 min 并于 490 nm 处读取吸光值($OD_{490}$)。

(8) 与对照组相比，吸光值降低 10%以上的提取物浓度被认为是有细胞毒性的，不用于 CAA 的测定。

### 2.2.7　数据分析

所有结果均表示为至少三个独立实验的平均值 ± 标准差(mean ± SD)，采用 SPSS 统计软件(16.0)进行回归分析和统计分析。平均值采用单因素方差分析(ANOVA)进行检验，然后采用 Duncan 多因素范围检验，以评估平均值之间差异的显著性水平($p<0.05$)，使用 Excel 2007 作图。

## 2.3　不同红肉苹果酚类物质及生物活性研究

### 2.3.1　不同苹果品种总酚、类黄酮、黄烷醇、花青苷含量的比较

不同苹果品种的游离酚、结合酚和总酚的含量见表2.2。在所分析的5个苹果品种中，游离酚类物质的含量由高到低依次为“A38”[(2337.54±38.91) mg GAE/kg FW]，“美红”[(2293.30±20.27) mg GAE/kg FW]，“B6”[(1586.79±59.37) mg GAE/kg FW]，“A16”[(1350.04±39.11) mg GAE/kg FW]，“富士”[(1046.95±58.12) mg GAE/kg FW]。通过比较结合态多酚的含量，我们发现“A38”中结合态多酚的含量最高，为(607.49±53.72) mg GAE/kg FW，其次是“美红”中结合态多酚的含量为(519.62±15.34) mg GAE/kg FW，接下来是“A16”中结合态多酚的含量为(384.26±23.67) mg GAE/kg FW，再者是“B6”中结合态多酚的含量为(194.74±25.41) mg GAE/kg FW，“富士”中结合态多酚的含量最低为(92.24±22.35) mg GAE/kg FW。总的来说，苹果多酚提取物中游离态多酚的含量显著高于结合态多酚。虽然结合态多酚对总酚的贡献在“B6”和“富士”中很小，分别为10.93%和8.10%。但“A38”中结合态多酚对总酚的贡献为20.63%。“美红”中结合态多酚对总酚的贡献为18.47%；“A16”中结合态多酚对总酚的贡献为22.16%，约占总酚类含量的五分之一。结合态多酚可被胃肠道消化和肠道微生物释放和利用(Liu,2007)，推测“美红”“A38”和“A16”在胃肠消化的过程中会有相似的作用。总酚的含量是游离态多酚和结合态多酚的含量总和，“A38”的总酚含量在所有的苹果品种中最高，为2945.03 mg GAE/kg FW，接下来是“美红”的总酚含量为2812.92 mgGAE/kg FW，“B6”的总酚含量为1781.54 mg GAE/kg FW，“A16”的总酚含量为1734.31 mg GAE/kg FW，传统的白肉苹果品种“富士”总酚的含量最低为1139.19 mg GAE/kg FW。红肉苹果和白肉苹果的总酚含量存在显著差异($p<0.05$)，这与先前报道的在红肉苹果和白肉苹果中测得的总酚的含量的观点相符，Wang 等(2015)也报告红肉苹果的总酚含量显著高于白肉苹果。

由表2.1可知:所选的5个苹果品种的总类黄酮含量的范围为897.07～2191.02 mg RE/kg FW,数据经显著性差异分析,不同品种中类黄酮的含量具有显著性差异($p<0.05$)。“A38”中游离态类黄酮含量为(1733.79±64.85) mg RE/kg FW,较其他所选的苹果品种的含量高。接下来依次是“美红”[(1588.58±47.61) mg RE/kg FW],“B6”[(1210.36±25.11) mg RE/kg FW],“A16”[(1044.60±10.57) mg RE/kg FW],“富士”[(805.72±54.39) mg RE/kg FW]。“美红”中结合态类黄酮的含量为(411.79±10.34) mg RE/kg FW,“A38”中结合态类黄酮的含量为的含量为(457.55±32.61) mg RE/kg FW,均高于“A16”的(226.83±15.62) mg RE/kg FW,“B6”的(191.46±25.61) mg RE/kg FW和“富士”的(91.35±49.61) mg RE/kg FW。总的来说,结合态类黄酮的含量明显低于游离态类黄酮。结合态类黄酮对“A38”“美红”“A16”“B6”“富士”中总黄酮含量的贡献率分别为20.87%,20.59%,17.84%,13.66%和10.18%。与总酚含量的趋势相似,红肉苹果“A38”的总黄酮含量最高,而白肉苹果“富士”的含量最低。苹果样品中总类黄酮含量由高到低依次为“A38”(2191.02±58.07) mg RE/kg FW,“美红”(2000.37±39.78) mg RE/kg FW,“B6”(1401.82±25.18) mg RE/kg FW,“A16”(1271.43±11.48) mg RE/kg FW,“富士”(897.07±53.91) mg RE/kg FW,这与游离态类黄酮含量的顺序一致。本书研究的结果与许海峰等(2016)报道的红肉苹果中总黄酮的含量显著高于白肉苹果中总黄酮的研究结果一致。除此之外,聂继云等(2010)也报道了22个野生苹果种质资源的总黄酮含量显著高于栽培苹果。

苹果中游离态、结合态和总黄烷醇含量见表2.2。在分析的5个苹果品种中,“A38”的游离态黄烷醇含量最高,为(1300.98±37.19) mg CE/kg FW,“美红”中游离态黄烷醇含量为(854.41±49.71) mg CE/kg FW,“B6”中游离态黄烷醇含量为(772.91±10.11) mg CE/kg FW,“A16”中游离态黄烷醇含量为(660.98±9.21) mg CE/kg FW,“富士”中游离态黄烷醇含量为(550.89±50.70) mg CE/kg FW。对不同苹果品种的结合态黄烷醇含量进行比较,结果发现“A38”中结合态黄烷醇的含量最高,为(53.24±1.04) mg CE/kg FW,其次是“美红”中结合态黄烷醇的含量为(25.46±7.61) mg CE/kg FW,“富士”中结合态黄烷醇的含量为(1.58±0.09) mg CE/kg FW,“B6”中结合态黄烷醇的含量为(1.11±0.05) mg CE/kg FW,“A16”中结合态黄烷醇的含量为(0.33±0.06) mg CE/kg FW。总的来说,游离态黄烷醇的含量高于结合态黄烷醇。苹果样品中总黄烷醇的含量按降序排列为“A38”(1354.22±35.74) mg CE/kg FW,“美红”(879.87±48.45) mg CE/kg FW,“B6”(774.02±10.10) mg CE/kg FW,

"A16"(661.31 ± 9.20) mg CE/kg FW,"富士"(552.47 ± 50.55) mg CE/kg FW。五种苹果中总黄烷醇的含量有显著差异($p<0.05$)。"A16""B6"和"富士"中结合态黄烷醇对总黄烷醇的贡献几乎可以忽略不计,分别为0.05%,0.14%和0.29%,而在"A38"和"美红"中结合态黄烷醇对总黄烷醇的贡献较高,分别为3.93%和2.89%。

苹果中的游离态花青苷、结合态花青苷和总花青苷含量见表2.2。值得注意的是,本研究中所有样品中均未检测到结合态花青苷。因此,在本研究中游离花青苷的含量即为总花青苷含量,范围为8.08～282.88 mg C3GE/kg FW。其中"A38"中总花青苷的含量为(282.88 ± 8.11) mg C3GE/kg FW,"美红"中总花青苷的含量为(236.83 ± 7.15) mg C3GE/kg FW,均显著高于"A16""B6"和"富士",它们的花青苷含量分别为(115.56 ± 9.14) mg C3GE/kg FW,(57.88 ± 10.37) mg C3GE/kg FW,(8.08 ± 0.26) mg C3GE/kg FW。这与苹果品种果皮和果肉的颜色直接相关(图2.1,彩图见书后插页)。

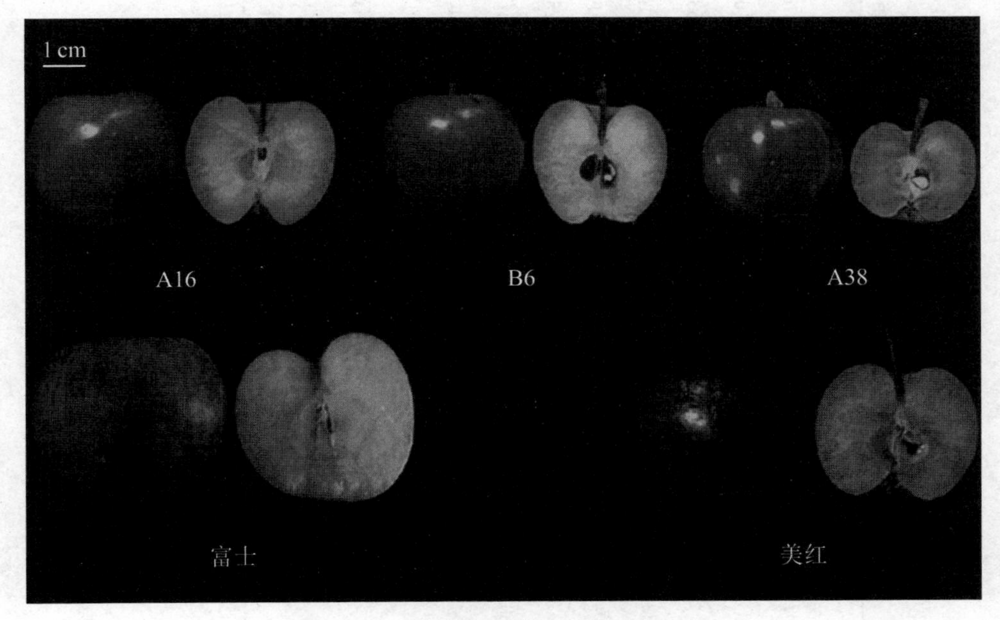


**图2.1　不同苹果品种果皮和果肉颜色**

正如预期那样,新疆红肉苹果F2代群体中所选的四个红肉苹果品种中总酚、总黄酮、总黄酮、总黄酮和总花青苷的含量与商业品种富士存在显著差异,尤其是"A38"和"美红"。这些结果与Sun-Waterhouse等(2013)报告的红肉苹果汁的酚类物质含量高于白肉苹果汁的结果一致。

表 2.2 总酚、总黄类酮、总黄烷醇、总花青苷及游离和结合部分对总含量的贡献率

| 品种 | | A38 | A16 | B6 | 美红 | 富士 |
|---|---|---|---|---|---|---|
| 总酚（mg GAE/kg FW） | 游离态 | 2337.54±38.91a(79.37) | 1350.04±39.11c(77.84) | 1586.79±59.37b(89.07) | 2293.30±20.27a(81.52) | 1046.95±58.12d(91.90) |
| | 结合态 | 607.49±53.72a(20.63) | 384.26±23.67c(22.16) | 194.74±25.41d(10.93) | 519.62±15.34b(18.47) | 92.24±22.35e(8.10) |
| | 总计 | 2945.03±42.02a | 1734.31±35.67d | 1781.54±53.16c | 2812.92±19.36b | 1139.19±55.26e |
| 类黄酮（mg RE/kg FW） | 游离态 | 1733.79±64.85a(79.13) | 1044.60±10.57d(82.16) | 1210.36±25.11c(86.34) | 1588.58±47.61b(79.41) | 805.72±54.39e(89.81) |
| | 结合态 | 457.55±32.61a(20.87) | 226.83±15.62c(17.84) | 191.46±25.61d(13.66) | 411.79±10.34b(20.59) | 91.35±49.61e(10.18) |
| | 总计 | 2191.02±58.07a | 1271.43±11.48d | 1401.82±25.18c | 2000.37±39.78b | 897.07±53.91e |
| 黄烷醇（mg CE/kg FW） | 游离态 | 1300.98±37.19a(96.07) | 660.98±9.21d(99.95) | 772.91±10.11c(99.86) | 854.41±49.71b(97.11) | 550.89±50.70e(99.71) |
| | 结合态 | 53.24±1.04a(3.93) | 0.33±0.06e(0.05) | 1.11±0.05d(0.14) | 25.46±7.61b(2.89) | 1.58±0.09c(0.29) |
| | 总计 | 1354.22±35.74a | 661.31±9.20d | 774.02±10.10c | 879.87±48.45b | 552.47±50.55e |
| 花青苷（mg C3GE/kg FW） | 游离态 | 282.88±8.11a(100) | 115.56±9.14c(100) | 57.88±10.37d(100) | 236.83±7.15b(100) | 8.08±0.26e(100) |
| | 结合态 | ND | ND | ND | ND | ND |
| | 总计 | 282.88±8.11a | 115.56±9.14c | 57.88±10.37d | 236.83±7.15b | 8.08±0.26e |

注：同一行不同字母根据 Duncan 检验有显著性差异（$p<0.05$），ND 表示未检出；FW，鲜重；括号中的数值表示占总数的百分比。

### 2.3.2 抗氧化能力分析

植物化学物质抗氧化的反应机理非常复杂，加上不同抗氧化能力测定方法的原理及侧重点不同，单独一种评价方法不能全面地反映物质的抗氧化能力（Meng et al，2012），因此，采用多种方法评价植物化学物质的抗氧化能力非常必需。为了更加准确地评价不同苹果的抗氧化能力，本研究使用了三种胞外抗氧化分析方法（FRAP、DPPH、ABTS）和一种细胞内抗氧化分析方法（CAA）对不同品种进行了抗氧化能力分析。

#### 2.3.2.1 胞外抗氧化能力分析

采用 DPPH、ABTS、FRAP 三种方法分析评估了苹果提取物的胞外抗氧化能力，结果见表 2.3。FRAP 法测定不同苹果游离态多酚抗氧化能力的范围为 3.52～10.39 TE μMFW[①]；ABTS 法测定抗氧化能力的范围为 9.28～25.41 TE μM/g FW；DPPH 法测定抗氧化能力的范围为 6.59～18.18 TE μM/g FW。无论采用何种测定方法，红肉苹果“A38”获得的抗氧化值最高，而白肉苹果“富士”获得的抗氧化值最低。FRAP 法测定结合态多酚的抗氧化能力范围为0.23～1.91 TE μM/g FW；ABTS 法测定其抗氧化能力范围为 0.91～6.47 TE μM/g FW；DPPH 法测定其抗氧化能力范围为 0.60～3.82 TE μM/g FW。红肉苹果“A38”的抗氧化活性最高，白肉苹果“富士”的抗氧化活性最低。结合态多酚抗氧化能力对总的抗氧化能力的贡献最高的是在“A16”中：ABTS 法测定“A16”中结合态多酚的贡献率为24.24%；DPPH 测定“A16”中结合态多酚的贡献率为 20.49%；FRAP 测定“A16”中结合态多酚的贡献率为 16.92%。FRAP 法测定的总抗氧化活性范围为 3.75～12.30 TE μM/g FW；ABTS 法测定的总抗氧化活性范围为 10.19～31.88 TE μM/g FW；DPPH 法测定的总抗氧化活性范围为 7.19～22.00 TE μM/g FW。在三种胞外抗氧化能力测定方法中，红肉苹果“A38”的总抗氧化能力最高，白肉苹果“富士”的总抗氧化能力最低。这些结果与陈学森等（2014）报道的结果一致。文中还报告说，新疆红肉苹果 F1 杂种群体的 FRAP 值约为白肉“Golden Delicious”苹果的 3 倍。

---

① 单位中的 M 指 mol，下同。

表 2.3 五个苹果品种的抗氧化活性(FRAP、DPPH 和 ABTS)

| 品种 | FRAP (TE μM/gFW) | | | ABTS (TE μM/gFW) | | | DPPH (TE μM/gFW) | | |
|---|---|---|---|---|---|---|---|---|---|
| | 游离态 | 结合态 | 总计 | 游离态 | 结合态 | 总计 | 游离态 | 结合态 | 总计 |
| A38 | 10.39±0.28a (84.49) | 1.91±0.05a (15.51) | 12.30±0.24a | 25.41±0.63a (79.70) | 6.47±0.11a (20.30) | 31.88±0.53a | 18.18±1.03a (82.65) | 3.82±0.22a (17.35) | 22.00±0.89a |
| A16 | 4.07±0.15d (83.08) | 0.83±0.06c (16.92) | 4.90±0.13d | 11.28±0.54d (75.76) | 3.61±0.25c (24.24) | 14.89±0.47d | 8.11±0.86d (79.51) | 2.09±0.05c (20.49) | 10.20±0.70d |
| B6 | 5.50±0.21c (91.04) | 0.54±0.03d (8.96) | 6.04±0.19c | 15.71±0.38c (90.20) | 1.71±0.07d (9.80) | 17.42±0.35c | 11.19±0.92c (90.98) | 1.11±0.03d (9.02) | 12.30±0.84c |
| 美红 | 8.82±0.33b (86.25) | 1.41±0.03b (13.75) | 10.23±0.29b | 22.81±0.44b (80.35) | 5.58±0.39b (19.65) | 28.39±0.43b | 15.04±1.14b (83.05) | 3.07±0.36b (16.95) | 18.11±1.01b |
| 富士 | 3.52±0.19e (93.86) | 0.23±0.11e (6.14) | 3.75±0.19e | 9.28±0.52e (91.09) | 0.91±0.15e (8.91) | 10.19±0.49e | 6.59±0.75e (91.67) | 0.60±0.05e (8.33) | 7.19±0.69e |

注:同一行不同字母根据 Duncan 检验有显著性差异($p<0.05$),括号中的值表示占总数的百分比。

#### 2.3.2.2　CAA 分析

采用 CAA 法进一步评价了苹果游离态酚类化合物的胞内抗氧化活性（表 2.4）。由表可知，5 种苹果提取物的 $EC_{50}$ 值在无 PBS 清洗方案中的范围为 5.73～26.22 mg/mL，在 PBS 清洗方案中的范围为 7.31～28.03 mg/mL。如表 2.4 所示，无 PBS 清洗方案中，“A38”多酚提取物的 $EC_{50}$ 值最低为（5.73±0.41）mg/mL，“美红”多酚提取物的 $EC_{50}$ 值为（6.85±0.34）mg/mL，“B6”多酚提取物的 $EC_{50}$ 值为（11.76±0.65）mg/mL，“A16”多酚提取物的 $EC_{50}$ 值为（18.08±0.19）mg/mL，“富士”的多酚提取物的 $EC_{50}$ 值最高为（26.22±1.73）mg/mL。PBS 清洗方案更多关注的是进入细胞内的活性物质的抗氧化能力，“A38”多酚提取物的 $EC_{50}$ 值最低为（7.31±0.63）mg/mL，“美红”多酚提取物的 $EC_{50}$ 值为（8.27±0.35）mg/mL，“B6”多酚提取物的 $EC_{50}$ 值为（13.52±0.83）mg/mL，“A16”多酚提取物的 $EC_{50}$ 值为（21.91±0.74）mg/mL，“富士”多酚提取物的 $EC_{50}$ 值最高，为（28.03±2.08）mg/mL。无论在 PBS 清洗方案中还是无 PBS 清洗方案中，苹果提取物的 $EC_{50}$ 值按递增顺序排列为：“A38”“美红”“B6”“A16”“富士”。根据槲皮素标准品的 $EC_{50}$ 值计算出 CAA 值（表 2.4）。

**表 2.4　苹果样品的细胞抗氧化活性（平均值±标准偏差，$n=6$）**

| 品种 | $EC_{50}$（mg/mL） | | CAA（μmol QE/100g FW） | |
|---|---|---|---|---|
| | 清洗 | 不清洗 | 清洗 | 不清洗 |
| A38 | 7.31±0.63e | 5.73±0.41e | 67.72±3.36a | 120.07±6.11a |
| A16 | 21.91±0.74b | 18.08±0.19b | 22.59±1.21d | 38.05±2.31d |
| B6 | 13.52±0.83c | 11.76±0.65c | 36.61±1.40c | 58.50±2.09c |
| 美红 | 8.27±0.35d | 6.85±0.34d | 59.85±3.10b | 100.44±5.03b |
| 富士 | 28.03±2.08a | 26.22±1.73a | 17.66±3.04e | 26.24±2.75e |

注：同一行不同字母依据 Duncan 检验有显著性差异（$p<0.05$）。

在 PBS 清洗方案中，被测样品的 CAA 值范围为 17.66～67.72 μmol QE/100 g FW，在无 PBS 清洗方案中被测样品的 CAA 值的范围为 26.24～120.07 μmol QE/100 g FW。在无 PBS 清洗方案中，“A38”多酚提取物获得的 CAA 值最高为（120.07±6.11）μmol QE/100 g FW，“美红”多酚提取物获得的 CAA 值为（100.44±5.03）μmol QE/100 g FW，“B6”多酚提取物获得的 CAA 值为（58.50±2.09）μmol QE/100 g FW，“A16”多酚提取物获得的 CAA 值为

(38.05±2.31) μmol QE/100 g FW,“富士”多酚提取物的 CAA 值最低,为(26.24±2.75) μmol QE/100 g FW。在 PBS 清洗方案中,“A38”多酚提取物的CAA 值最高,为(67.72±3.36) μmol QE/100 g FW,“美红”多酚提取物的CAA 值为(59.85±3.10) μmol QE/100 g FW,“B6”多酚提取物的 CAA 值为(36.61±1.40) μmol QE/100 g FW,“A16”多酚提取物的 CAA 值为(22.59±1.21) μmol QE/100 g FW,“富士”多酚提取物的 CAA 值最低为(17.66±3.04) μmol QE/100 g FW。无论是 PBS 清洗方案还是无 PBS 清洗方案,“A38”获得的 CAA 值最高,“富士”获得的 CAA 值最低。本研究获得的 CAA 值与 Wolfe 等(2008)获得的 CAA 值相当。除此之外,所有样品中,无 PBS 清洗方案获得的 CAA 值远高于 PBS 清洗方案。这些结果说明,新疆红肉苹果 F2 代红肉苹果表现出较好的胞内抗氧化活性,红肉苹果中的这些植物化学物质比传统商业白肉苹果‘富士’更能有效地吸收到细胞膜中进行代谢利用。同时,我们的研究结果和先前的数据都表明,样品获得的 $EC_{50}$ 值与 CAA 值呈负相关(Wen et al,2015),即 $EC_{50}$ 值越高 CAA 值则越低。

### 2.3.3 苹果多酚对人体癌细胞的抗增殖作用

众所周知,苹果多酚具有抗人体癌细胞增长的作用(Sun and Liu,2008)。苹果多酚提取物对 ER+MCF-7 和三阴性 MDA-MB-231 细胞增殖的抑制作用的结果见表 2.5。CCK8 检测结果表明,苹果提取物对人体癌细胞活性的影响具有浓度依赖性。通过测定提取物对人体癌细胞的 $IC_{50}$ 值发现,不同苹果对 MCF-7 细胞的抗增殖的 $IC_{50}$ 在 33.44 mg/mL(“A38”)与 73.36 mg/mL(“富士”)之间,而对 MDA-MB-231 细胞的抗增殖的 $IC_{50}$ 在 20.94 mg/mL(“A38”)与 39.39 mg/mL(“富士”)之间。“A38”多酚提取物对 MCF-7 和 MDA-MB-231 细胞的抑制效果最好,获得较低的 $IC_{50}$ 值,这与它获得较高的 CAA 值、较低的 $IC_{50}$ 以及较高的游离态多酚含量有关(表 2.4,表 2.2)。接下来抑制作用由高到低依次是“美红”“B6”和“A16”,对 MCF-7 的 $IC_{50}$ 分别为:(38.58±1.67) mg/mL,(43.11±1.52) mg/mL,(62.99±3.38) mg/mL;对 MDA-MB-231 的 $IC_{50}$ 分别为(23.72±1.70) mg/mL,(25.65±2.03) mg/mL,(35.02±1.61) mg/mL。正如预期的一样,“富士”中的多酚提取物对 MCF-7 和 MDA-MB-231 细胞的抑制作用最弱,$IC_{50}$ 值最高。“A38”中的多酚提取物对人体乳腺癌 MCF-7 和 MDA-MB-231 细胞具有较好的抗增殖作用,推断可能与其含有大量的酚类化合物有关。

表 2.5　苹果品种游离酚提取物的抗增殖活性(平均值±标准偏差,$n=6$)

| 品种 | $IC_{50}$ on MCF-7(mg/mL) | $IC_{50}$ on MDA-MB-231(mg/mL) |
|---|---|---|
| A38 | 33.44±2.09e | 20.94±2.25e |
| A16 | 62.99±3.38b | 35.02±1.61b |
| B6 | 43.11±1.52c | 25.65±2.03c |
| 美红 | 38.58±1.67d | 23.72±1.70d |
| 富士 | 73.36±3.51a | 39.39±1.05a |

注:同一行不同字母依据 Duncan 检验有显著性差异($p<0.05$)。

### 2.3.4　酚类化合物的分析

用 UPLC-MS/MS 对 5 个苹果品种的 13 种可溶性游离态多酚进行了定性和定量分析。据报道,羟基肉桂酸、黄烷醇、黄酮醇、二氢查尔酮和花青素曾为苹果品种中的主要酚类成分(Tsao et al,2003)。因此,对所有苹果样品中这些主要成分进行了分析,其含量见表 2.6。

表 2.6　不同苹果品种主要酚类物质分析(平均值±标准差,$n=3$)

| 酚类物质 | 相应苹果品种的酚类物质含量(mg/kg) | | | | |
|---|---|---|---|---|---|
| | A38 | B6 | A16 | 美红 | 富士 |
| 表没食子儿茶素 | 14.02±0.36c | 31.32±1.11a | 13.42±0.46c | 19.55±0.55b | 5.04±0.31d |
| 儿茶素 | 106.95±3.22b | 66.83±1.05c | 19.59±0.56e | 236.35±2.09a | 54.35±0.24d |
| 表儿茶素 | 111.39±6.72e | 220.33±8.51b | 192.00±3.42d | 243.95±8.11a | 200.81±9.38c |
| 原花青素 $B_1$ | 186.09±2.04a | 40.26±1.03d | 89.30±1.11c | 168.40±2.10b | 33.81±0.10e |
| 原花青素 $B_2$ | 362.41±6.76a | 332.83±5.79b | 252.60±3.05c | 207.24±0.85d | 104.42±1.04e |
| 总黄烷醇 | 780.86(44.21) | 691.56(53.67) | 566.91(49.57) | 875.49(54.78) | 398.44(51.26) |
| 槲皮素-3-半乳糖苷 | 82.79±0.31b | 49.47±0.48e | 56.26±0.24d | 72.07±0.73c | 100.23±2.67a |
| 槲皮素-3-阿拉伯糖苷 | 2.19±0.13c | 18.18±0.51b | 2.61±0.10c | 37.29±0.57a | 18.79±1.04b |
| 异槲皮素 | 82.18±1.12a | 57.75±2.17b | 48.07±0.65c | 49.30±2.08c | 6.79±1.13d |
| 槲皮素 | 53.86±1.43a | 9.77±1.51d | 21.36±0.98c | 30.56±1.02b | 8.18±0.52e |
| 总黄酮醇 | 221.01(12.51) | 135.17(10.49) | 128.29(11.22) | 189.23(11.84) | 133.98(17.24) |
| 矢车菊素-3-半乳糖苷 | 265.11±13.22a | 55.95±5.01d | 100.27±3.66c | 212.60±8.29b | 5.00±0.32e |
| 矢车菊素-3-阿拉伯糖苷 | 2.55±0.09b | 0.37±0.04d | 0.47±0.11c | 3.90±0.16a | 0.26±0.02e |
| 总花青苷 | 267.66(15.15) | 56.32(4.37) | 100.74(8.81) | 216.50(13.55) | 5.26(0.68) |

续表

| 酚类物质 | 相应苹果品种的酚类物质含量(mg/kg) | | | | |
|---|---|---|---|---|---|
| | A38 | B6 | A16 | 美红 | 富士 |
| 绿原酸 | 239.26±5.09c | 280.71±3.14b | 308.04±10.27a | 186.76±4.54d | 170.94±3.02e |
| 总羟基肉桂酸 | 239.26(13.55) | 280.71(21.78) | 308.04(26.93) | 186.76(11.69) | 170.94(21.99) |
| 根皮苷 | 257.49±7.15a | 124.89±2.08b | 39.69±4.30d | 130.08±10.45b | 68.60±3.33c |
| 总二氢查耳酮 | 257.49 (14.58) | 124.89 (9.69) | 39.69 (3.47) | 130.08 (8.14) | 68.60 (8.83) |
| 总单体酚 | 1766.29 | 1288.65 | 1143.67 | 1598.06 | 777.22 |

注:同一行不同字母依据 Duncan 检验结果有显著性差异($p<0.05$);括号中的数值表示占总数的百分比。

由表 2.6 可知,所选苹果品种定性和定量分析了两种花青苷(矢车菊素-3-半乳糖苷和矢车菊素-3-阿拉伯糖苷)。先前的研究表明,矢车菊素-3-半乳糖苷占总花青苷的98%(Guo et al,2016)。所有供试苹果的总单体花青苷含量的范围为 5.26～267.66 mg/kg FW,"A38"中总单体花青苷含量最高为 267.66 mg/kg FW,其次是"美红"中总单体花青苷含量为 216.50 mg/kg FW,"A16"中总单体花青苷含量为 100.74 mg/kg FW,"B6"中总单体花青苷含量为 56.32 mg/kg FW 和"富士"中总单体花青苷含量为 5.26 mg/kg FW。苹果品种中花青苷的含量与图 3.1 中所呈现的颜色一致。矢车菊素-3-半乳糖苷是苹果中的主要花青苷。"美红"和"A38"因其花青苷含量较高而被认为很有吸引力。它们在苹果多酚中的贡献因品种而异,花青苷对总单体酚的贡献率为 0.68%～15.15%,"A38"中的花青苷对单体总酚的贡献率高达 15.15%,接下来由高到低依次是"美红""A16""B6"和"富士",贡献率分别为 13.55%,8.81%,4.37%,0.68%。

黄烷醇在苹果果皮和果肉中占总黄酮的比例很高(Ramirez-Ambrosi et al,2013;Wang et al,2015)。本研究中对所有被测苹果的中表没食子儿茶素、两个单体(儿茶素和表儿茶素)和两个二聚体(原花青素 $B_1$ 和 $B_2$)共 5 种黄烷醇进行了定性和定量分析。5 个苹果品种的总黄烷醇含量的范围在 398.43～875.49 mg/kg FW。其中"美红"中总黄烷醇的含量最高为 875.49 mg/kg FW,其次是"A38"中总黄烷醇的含量为 780.86 mg/kg FW,"B6"中总黄烷醇的含量为 691.56 mg/kg FW,"A16"中总黄烷醇的含量为 566.91 mg/kg FW,"富士"中总黄烷醇的含量最低为 398.44 mg/kg FW。红肉苹果中"A38"中原花青素 $B_1$ 和原花青素 $B_2$ 的含量最高,而"美红"中儿茶素和表儿茶素的含量最高,这可能是"A38"较"美红"在口感上更加酸涩的主要原因,Wang 等(2015)也报道过红肉果中原花青素的含量与果实的酸涩相一致。经比较黄烷醇对总酚的贡献发现，所有被测样品中，黄烷-3-醇对单体总酚的贡献最大（44.21%～54.78%），“A38”中黄烷-3-醇对单体总酚的贡献最低，为44.21%，而“美红”中黄烷-3-醇对单体总酚的贡献最高，为54.78%。

本研究共检测到4种黄酮醇，它们分别是槲皮素、槲皮素-3-半乳糖苷、槲皮素-3-阿拉伯糖苷和异槲皮素，与之前的研究报告相同（Wang et al，2015；Guo et al，2016）。4个品种的总黄酮醇浓度范围从128.29 mg/kg FW至221.01 mg/kg FW，其中“A16”中黄酮醇的含量最低为128.29 mg/kg FW，“富士”中黄酮醇的含量为133.98 mg/kg FW，“B6”中黄酮醇的含量为135.17 mg/kg FW，“美红”中黄酮醇的含量为189.23 mg/kg FW，“A38”中黄酮醇的含量最高为221.01 mg/kg FW。通过对黄酮醇占单体总酚百分比的测定，我们发现黄酮醇对单体总酚含量的贡献范围为10.49%～17.24%，其中白肉苹果“富士”中黄酮醇对总酚的贡献最高为17.24%，这可能是它的总酚含量较低造成的。接下来由高到低依次是“A38”“美红”“A16”和“B6”，对总酚的贡献分别为12.51%，11.84%，11.22%，10.49%，其中“美红”和“A16”中黄酮醇对总酚的贡献最为相近。

本研究中对所有苹果中一种主要的羟基肉桂酸进行了定性和定量分析（表2.6）。绿原酸不仅是一种主要的羟基肉桂酸，也是苹果的主要组分之一。通过对羟基肉桂酸占单体总酚百分比的测定，我们发现羟基肉桂酸对单体总酚的贡献范围为11.69%～26.93%，这与之前的研究结果一致（Wang et al，2015）。其中，“A16”中羟基肉桂酸占单体总酚的百分比最高为26.93%，接下来由高到低依次是“富士”“B6”“A38”和“美红”，所占百分比分别为21.99%，21.78%，13.55%和11.69%。在所测样品中，“A16”含有绿原酸含量最高为(308.04 ± 10.27) mg/kg FW，接下来样品中绿原酸的含量由高到底依次为：“B6”(280.71 ± 3.14) mg/kg FW、“A38”(239.26 ± 5.09) mg/kg FW、“美红”(186.76 ± 4.54) mg/kg FW和“富士”(170.94 ± 3.02) mg/kg FW。

根皮苷是苹果中主要的二氢查尔酮，其含量范围在39.69～257.49 mg/kg FW，“A38”中含有的根皮苷含量最高，而“A16”中含有的根皮苷含量最低。此外，我们还发现除“A16”外，所有红肉苹果的根皮苷含量均高于白肉苹果。通过对根皮苷占总酚含量进行测定，我们发现根皮苷对样品中单体总酚的贡献范围在3.47%～14.58%，这与Bars-Cortina等(2017)的研究结果一致。虽然二氢查尔酮对总酚的贡献不太大，但它是苹果特有的黄酮类化合物，几乎从未在其他植物中发现（Tsao et al，2003）。

总的来说，在所有的被测样品中，单体总酚的含量范围在777.22～1766.69 mg/kg FW之间。虽然UPLC-MS/MS法得到的酚类成分含量值与

TPC法得到的值不完全相同(表2.2),但它们的顺序基本一致。红肉苹果"A38"单体总酚含量最高,其次是"美红""B6""A16",白肉苹果"富士"的单体总酚含量最低。红肉苹果品种与白肉苹果品种的类黄酮含量,尤其是花青素含量差异性显著($p<0.05$)。

### 2.3.5 不同苹果品种及其测定指标的主成分分析

对5个苹果品种及其总酚、类黄酮、黄烷醇、花青苷、ABTS、DPPH、FRAP、CAA(no PBS)、CAA(PBS)和13种主要的单体酚成分进行了主成分分析(图2.2)。结果表明:生成的数据占总方差的83.85%,其中PC1占总变量的67.45%,PC2占总变量的16.40%。传统白肉苹果("富士")和红肉苹果得到了很好的区分,并显示了影响集群团簇形成的主要参数。PCA结果显示,槲皮素-3-半乳糖苷、(-)-表儿茶素、MCF-7和MDA-MB-231的$IC_{50}$值对PC2有正向影响,对PC1有负向影响。PC2中的重要因子可以区分"A38"和"美红",而"A38"和"美红"可以通过PC1进一步分离。"A38"与右侧PC2负向相关,主要特征为黄烷醇、CAA(清洗)、原花青素$B_2$、槲皮素、异槲皮素、根皮苷、表没食子儿茶素。相比之下,在右侧PC2正向的"美红"与总酚、类黄酮、花青苷、FRAP、DPPH、ABTS、CAA(不清洗)、矢车菊素-3-阿拉伯糖苷、矢车菊素-3-半乳糖苷、原花青素B1和(+)-儿茶素有关。此外,在所有被测变量中,粉红果肉品种("A16"和"B6")对PC2和PC1都有负向影响,并且含有丰富的绿原酸。因此,主成分分析结果表明,红肉苹果新品种"A38"和"美红"由于含有大量的生物活性物质而区别与其他苹果品种,这可能是它们具有较高抗氧化和抗增殖活性的主要原因。

## 2.4 不同苹果品种的植物化学特征及生物活性分析

消费者对食用天然水果或食物来改善健康越来越感兴趣。水果和蔬菜中的成分,特别是天然抗氧化剂,可以延缓代谢引起的氧化应激、癌症的形成或发展,以及预防心血管疾病等慢性疾病(Liu,2013)。苹果是世界上最受欢迎的水果之一,富含多种营养成分和生物活性物质。由于苹果中植物化学成分的多样性，其已在世界各国的健康相关研究中得到了广泛的应用。它们对炎症、肥胖、高脂血症、癌症、糖尿病、动脉粥样硬化活动和冠心病都有有益的作用（Yin et al，2005；王振宇等，2010；He and Liu，2008；Kasai et al，2000；Schulze et al，2014；Hertog et al，1993）。大多数苹果品种的多酚和类黄酮都集中在果皮中，然而，通过杂交育种获得的红肉苹果由于果皮和果肉中花青素和其他类黄酮的含量较高，因此在体外具有更强的抗氧化活性（Xiang et al，2016；Bars-Cortina et al，2017）。苹果多酚提取物还可以有效抑制 HeLa、HepG2 和其他癌细胞的增殖（Faramazi et al，2015）。

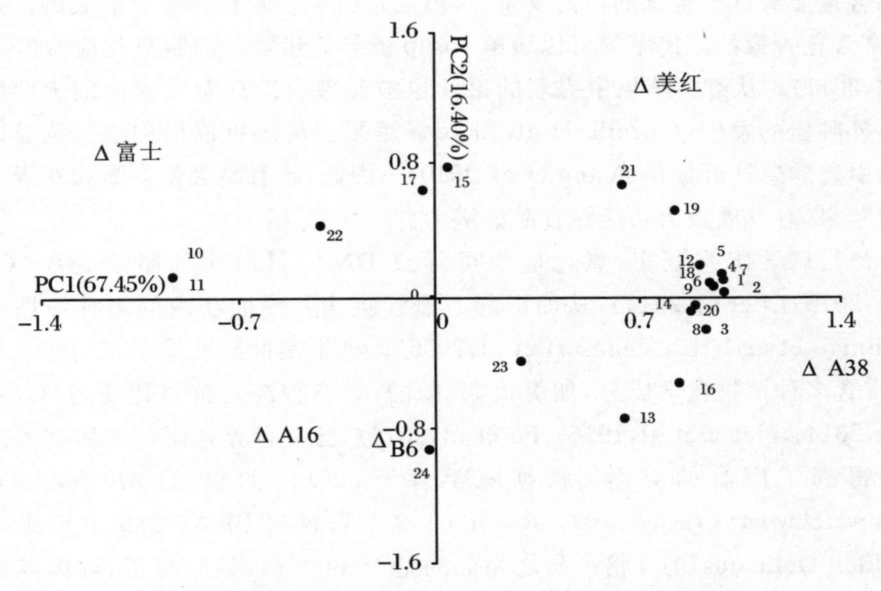


**图 2.2　苹果主要酚类成分及总酚、类黄酮、黄烷醇、花青苷、ABTS、DPPH、FRAP、CAA 的主成分分析双标图**

1：总酚；2：类黄酮；3：黄烷醇；4：花青苷；5：FRAP；6：ABTS；7：DPPH；8：CAA（PBS）；9：CAA（no PBS）；10：MCF-7 的 $IC_{50}$；11：MDA-MB-231 的 $IC_{50}$；12：原花青素 B1；13：原花青素 B2；14：槲皮素；15：槲皮素-3-阿拉伯糖苷；16：异槲皮素；17：槲皮素-3-半乳糖苷；18：矢车菊素-3-半乳糖苷；19：矢车菊素-3-阿拉伯糖苷；20：根皮苷；21：（+）-儿茶素；22：（−）-表儿茶素；23：表儿茶素；24：绿原酸

酚类物质的测定结果表明，在所有的被测品种中总酚、总黄酮、总黄烷醇和总花青苷含量的游离态酚类物质要明显高于结合态酚类物质。虽然有的品种中各指标结合态酚类物质所占的比例较小，但是有的品种中结合多酚所占比例高达五分之一（例如，“A38”和“A16”中结合态多酚对总多酚的贡献分别为 20.63%和 22.16%），结合态多酚对相应苹果品种的生物利用度有大的作用，不能忽略。研究表明：结合态多酚可被胃肠道消化和肠道微生物释放和利用

(Liu,2007)。因此,我们推测体外结合态多酚贡献较高的"A38"和"A16"在进行胃肠消化或体内研究的时候能够将结合态多酚进行释放,提高它们的生物利用度。

与本研究中其他品种相比,红肉苹果"A38"的总酚、类黄酮、黄烷醇、花青苷含量均为最高,而商业品种白肉苹果"富士"的各项指标的含量均为最低。这与 Sun-Waterhouse 等(2013)和 Wang 等(2015)的研究结果一致,前者发现红肉苹果果汁中酚类物质的含量较白肉苹果高,后者也发现红肉苹果的酚类物质含量高于白肉苹果。有趣的是,Bars-Cortina 等(2017)报道了红肉苹果中黄烷醇的含量显著低于传统的白肉苹果,这可能是由于实验材料差异造成的。据报道,富含花青素的红肉苹果可以缓解 rosup 诱导的猪颗粒细胞氧化应激(Xiang et al,2017)。从红肉苹果中提取的果汁也被发现可以抑制乳腺癌细胞的增殖和体外肿瘤的发生(Fiorella et al,2015)。苹果多酚还可以保护小鼠免受四氯化碳引起的急性肝损伤(Yang et al,2010)。因此,具有高含量多酚和花青苷的红肉苹果,有发展成为功能性食品的潜力。

流行病学研究证实,氧化应激可导致 DNA、蛋白质和脂质受损(Chen et al,2015;Li et al,2014),从而引起心血管疾病和癌症在内的多种慢性疾病(Rahman et al,2012;Khansari et al,2009)。苹果是世界上最受欢迎的水果之一,富含多种植物化学成分,如类黄酮、酚酸,具有较高的抗氧化能力(Grindel et al,2014; Pietta et al,1996; Fu et al,2016),已在世界各国与健康相关的研究中得到了广泛的应用。根据陈学森等(2014)的报道,*M. sievesii f. niedzwetzkyana*,(*Ledeb.*)*M. Roem* F1 杂交群体的 FRAP 的值是白肉苹果"Golden Delicious"的 3 倍。与之相似的是 Wang 等(2015)报道,红肉苹果果肉的抗氧化能力是非红肉苹果品种的 2~6 倍,并且抗氧化能力与总酚含量显著相关。Sun-Waterhouse 等(2013)也证明了红肉苹果果汁的抗氧化能力要显著高于白肉苹果果汁。虽然苹果的抗氧化能力可以通过 DPPH,ABTS,FRAP,ORAC 等化学方法来快速确定(Wang et al,2015;Sun-Waterhouse et al,2013;Rupasinghe et al,2010 年),然而,这些方法没有考虑到抗氧化物质的代谢和生物利用度,因此可能无法准确估计苹果或其他食品的总抗氧化活性(Karadag et al,2009)。而通过细胞或动物模型可以考虑生物利用度和细胞的代谢过程(Wolfe and Liu,2007),但采用人或动物模型进行实验研究是一个非常复杂、耗时且涉及医学和道德伦理问题,细胞模型更适合对大量样品的初步筛选(Lue et al,2010)。细胞抗氧化活性(CAA)分析是一个非常强有力的工具,它反映了食品中抗氧化剂在细胞水平上的吸收、代谢和分布(Wolfe and Liu,2007)。本研究的结果显示,无论是胞外抗氧化能力(FRAP,ABTS,

DPPH)还是胞内抗氧化能力,红肉苹果品种的抗氧化能力均显著高于商业白肉苹果品种,并且更能有效的被细胞吸收利用。这可能是由于红肉苹果中(特别是"A38"和"美红"品种)槲皮素、槲皮素苷、原花青素和表没食子儿茶素含量较高。以往的研究表明,槲皮素、山奈酚和表没食子儿茶素(EGCG)具有较高的 CAA 值,而儿茶素和表儿茶素则具有较低的 CAA 值(Wolfe and Liu,2008)。

多酚类物质对细胞的抗氧化作用已被人们广泛认识,这一作用可以解释多酚类物质对癌症的预防作用。然而,近年来相关研究表明,黄酮类化合物在低浓度时具有抗氧化作用,而在高浓度时具有促氧化作用,进而诱发 DNA 损伤,促进细胞凋亡(Robaszkiewicz et al,2007;Fang et al,2007)。其具体机制是高浓度黄酮类化合物能显著降低巯基酶(如合成谷胱甘肽的限速酶 γ-谷氨酰半胱氨酸合成酶)的活性,进而降低体内谷胱甘肽的合成,导致抗氧化酶系统下调,促进黄酮类化合物氧化。此外,类黄酮氧化产生的过氧化氢可以激活酪氨酸激酶(如 MAPK)及其下游区域的信号通路,诱导细胞凋亡(Aslan et al,2003)。据报道,多酚抑制癌细胞生长和诱导癌细胞凋亡是由多酚的氧化作用而非抗氧化作用引起的(Azmi et al,2005)。这与我们对苹果多酚提取物抑制人乳腺癌细胞生长的动态研究结果一致,即较低浓度的多酚提取物对乳腺癌细胞的生长有轻微的促进作用,然后以浓度依赖的方式抑制乳腺癌细胞的增殖。同时,我们确定在相同的处理条件下,最高浓度的苹果多酚提取物(100 mg/mL)对人正常乳腺上皮细胞(MCF10A)的抑制率不到 10%,说明苹果多酚提取物可以选择性地抑制人体癌细胞的增殖。这与 Malik 等(2003)的研究结果一致,他们报道了富含花青素的龙胆草提取物可以诱导结肠癌细胞周期阻滞,而不显著影响正常结肠细胞的生长。我们的研究结果表明红肉苹果"A38"对人体乳腺癌 MCF-7 和 MDA-MB-231 细胞的抑制作用最强,而白肉苹果"富士"的抑制作用最弱,推断可能与"A38"中含有大量的酚类化合物有关。先前的研究表明,槲皮素和槲皮素-3-O-β-D-吡喃葡萄糖甙对 MCF-7 细胞有良好的抑制作用,而根皮苷、原花青素 $B_2$ 和绿原酸对 HT29 细胞有良好的抑制作用(He and Liu,2008;Avelar and Cibele,2013;Kasai et al,2000)。这在一定程度上解释了不同苹果提取物抗增殖能力具有显著差异的原因,可能与苹果提取物中不同酚类化合物的协同作用或相互作用有关。

整体来看,红肉苹果含有的各类酚类物质的含量(总酚、类黄酮、花青苷、黄烷醇)和抗氧化能力显著高于传统的商业品种"富士"。同时,新疆红肉苹果 F2 代中的四种红肉苹果之间的差异比较大。红肉苹果"A38"具有最高的总酚、类黄酮、花青苷含量和最强的抗氧化和抗癌细胞增殖的能力,"美红"次之。基于以上结论，我们认为二者具有较高的开发利用价值。其中，“美红”因其具有良好的外观和感官特征而受到消费者的青睐，有望发展成为鲜食和加工兼用的苹果品种，而“A38”则可能发展成为制备生物活性提取物的良好原料。

## 本章小结

红肉苹果因其富含酚类和抗氧化剂而备受青睐。本研究首次报道了红肉苹果四个杂交群体的酚类特性、细胞内抗氧化活性和抗肿瘤细胞增殖，并与传统品种“富士”进行了比较。正如预期的那样，红肉苹果比白肉苹果具有更高的抗氧化活性和抗肿瘤细胞增殖能力。“美红”和“A38”中含有大量的酚类物质及花色苷，具有较大的开发利用价值。其中，“美红”因其良好的外观和感官特征而受到消费者的青睐，而“A38”则是加工或制备生物活性提取物的良好原料。

# 第3章　红肉苹果的体外消化

红肉苹果果实含有花青素等色素和多种酚类物质，这些物质具有很强的抗氧化能力和抗癌细胞增殖的能力，非常受消费者欢迎（Chen et al，2007；Li et al，2020）。但是，胃肠道消化可以通过改变活性成分来改变食物中营养素的生物利用度（Tagliazucchi et al，2010）。因此，红肉苹果中多酚的生物活性与消化过程中的生物利用度有关，对其进行生物利用度分析非常重要。当红肉苹果多酚摄入人体后，会被消化道中的各种酶和肠道微生物不断降解，并经小肠吸收后代谢循环或进入大肠再次被吸收。在胃肠消化的过程中，多酚可能通过降解或代谢的过程与其他食物成分相互作用而影响其吸收和生物活性（Argyri et al，2006；Saura-Calixto et al，2007）。目前，关于体外模拟消化系统研究食物在消化过程中的释放和利用已有很多报道，它们根据人体消化道 pH 值、酶类及消化温度等条件来进行实验设计。而在消化道消化的红肉苹果中，化合物的生物利用度尚不清楚。我们推测，体外消化会改变红肉苹果的生物活性成分，最终导致体内生物效应的改变。直接用人或动物模型研究化合物的生物利用度非常复杂、耗时且涉及医学和伦理问题。相比之下，采用体外模拟消化结合细胞实验研究人体对食物的生物利用度相对简单、省时、可靠，因此被研究者广泛接受。因此，我们通过体外消化模型模拟人的生理条件下红肉苹果多酚的生物利用度。

## 3.1 试验材料

### 3.1.1 苹果材料

本研究所用的新疆红肉苹果 F2 杂交群体生长于山东农业大学冠县果树育种基地(36° 29′N,115° 27′E),采取相同的农业管理模式,并于商业成熟期进行采摘,采摘日期根据淀粉指数(7 级左右)来确定。采摘后的苹果用蒸馏水清洗,手动取出果核后将果肉和果皮分离出来,分别置于液氮中磨成细粉。将粉末储存在 -80 ℃下直至进行分析。对于每个品种,使用三个重复样品(每个样品分别使用来自三棵树的 10 个均匀果实)。

### 3.1.2 细胞材料

参照 2.1.2 节的描述进行细胞材料的购买。

## 3.2 评估方法

### 3.2.1 体外模拟消化过程

红肉苹果模拟体外消化(即模拟口腔、胃和肠道消化)过程参照 Huang 等(2014)描述的方法进行,稍做修改,具体操作步骤如下:

(1) 模拟口腔消化:将 2 g 样品加入 20 mL α-淀粉酶(75 U/mL)溶液(α-淀粉酶溶解于 1 mmol/L $CaCl_2$ 中,pH 值为 7.0)中,然后 37 ℃水浴振荡孵育 10 min,获得模拟口腔消化产物。

(2) 模拟胃消化:模拟口腔消化过程完成后,用 6 mmol/L HCl 将混合物的

pH值调节至2.0，然后调节胃蛋白酶溶液的终浓度为2000 U/mL。将混合物在37 ℃水浴振荡孵育1 h，获得模拟胃消化产物。

(3) 模拟肠消化：模拟胃消化完成后，用2 mmol/L $NaHCO_3$ 将消化液的pH值调节至6.0，然后加入胰蛋白酶（终浓度为100 U/mL）和胆汁盐（终浓度为1.1 mg/mL）。用NaOH将消化液的pH值调节至7.5并在37 ℃水浴振荡孵育6 h。反应结束后，用6 mmol/L HCl将混合物的pH值调节至2.0。然后将各阶段消化液10000×$g$离心10 min后取上清，部分分装到离心管中于－80 ℃保存，部分进行冷冻干燥。冷冻干燥后的提取物用80%的色谱甲醇复溶于－80 ℃保存直至进行多酚组分分析。所有的样品均进行3个独立的生物学重复，数据表示成“平均值±标准差”(mean±SD)形式。

## 3.2.2　酚类物质的提取

果皮和果肉中游离态多酚的提取参照2.2.1.1中描述的方法进行。

## 3.2.3　酚类物质含量的测定

### 3.2.3.1　总酚的测定

果皮和果肉中总酚含量的测定参照2.2.2.1中描述的方法进行。

### 3.2.3.2　类黄酮的测定

果皮和果肉中类黄酮含量的测定参照2.2.2.2中描述的方法进行。

### 3.2.3.3　总花青苷含量的测定

果皮和果肉中总花青苷含量的测定参照2.2.2.4中描述的方法进行。

## 3.2.4　单体酚含量分析

### 3.2.4.1　类黄酮的UPLC-MS/MS分析

果皮和果肉中类黄酮组分含量的测定参照2.2.3节描述的方法进行。

#### 3.2.4.2 酚酸的 HPLC 分析

样品中酚酸含量的测定参照尹承苗等(2013)描述的方法进行,具体操作步骤如下:

(1) 提取获得的各种酚类样品经过 0.22 μm 过膜。

(2) 色谱条件:色谱柱为 Acclaim 120 C18(150 mm×3 mm,3 μm,Dionex,美国),柱温保持在 30 ℃,流动相 A 为乙腈,流动相 B 为 $ddH_2O$(乙酸调 pH 至 2.6),流速为 0.5 mL/min,进样体积为 5 μL,进样方式为自动进样,检测波长为 280 nm。

(3) 酚酸组分的定性和定量分析用肉桂酸、水杨酸、香豆素、苯甲酸、阿魏酸、香兰素、丁香酸、香兰素、绿原酸、对羟基苯甲酸、原儿茶酸、没食子酸等相应的外部标准品进行。

### 3.2.5 抗氧化能力分析

#### 3.2.5.1 DPPH 法

果皮和果肉 DPPH 自由基清除活性的测定参照 2.2.4.1 中描述的方法进行。

#### 3.2.5.2 ABTS 法

果皮和果肉 ABTS 自由基清除能力的测定参照 2.2.4.2 中描述的方法进行。

#### 3.2.5.3 FRAP 法

果皮和果肉 $Fe^{3+}$ 还原能力(FRAP)的测定参照 2.2.4.3 中描述的方法进行。

#### 3.2.5.4 CAA 分析

果皮和果肉的 CAA 分析参照 2.2.4.4 中描述的方法进行。

### 3.2.6 抑制癌细胞增殖分析

果皮和果肉抗癌细胞增殖实验参照 2.2.5 节描述的方法进行。

### 3.2.7　细胞毒性分析

果皮和果肉的细胞毒性分析参照2.2.6节描述的方法进行。

### 3.2.8　数据分析

数据分析参照2.2.7节描述的方法进行。

## 3.3　体外模拟消化对红肉苹果酚类组分及生物活性的研究

### 3.3.1　红肉苹果化学提取物和消化液中酚类物质的分布

本部分探讨了传统的化学提取和体外消化对红肉苹果不同部位(果皮和果肉)酚类成分变化的影响。如表3.1所示,在果皮中,传统的化学提取法获得的TPC为(574.08±13.20) mg GAE/100 g FW,而体外消化获得的TPC显著降低(约降低了33.49%),为(381.83±10.15) mg GAE/100 g FW。而在果肉中,传统的化学提取法获得的TPC为(211.06±7.64) mg GAE/100 g FW,而体外消化获得的TPC显著降低28.47%,为(150.98±6.92) mg GAE/100 g FW。这些结果表明,红肉苹果果实中的多酚类物质在消化后并非全部有效,其中果肉中多酚的稳定性高于果皮。在Wang等(2015)的研究中,红肉苹果果皮的TPC为2.06～4.72 mg GAE/g FW,红肉苹果果肉TPC为0.34～1.06 mg GAE/g FW,略低于我们的研究结果。造成这种差异的原因可能是这两项研究所选用的品种和起源上存在差异。

与化学提取相比,果皮在体外消化过程中获得的TFC为(302.37±11.92) mg RE/100 g FW,TAC为(38.58±3.20) mg C3GE/100 g FW,下降比例分别为34.35%和50.96%;而果肉在体外消化过程获得的TFC和TAC分别为(89.16±16.22) mg RE/100 g FW和(10.02±0.80) mg C3GE/100 g FW,下降比例分别为40.11%和60.84%。这些结果与之前的研究结果一致(Huang et al，2014；McDougall et al，2007；Martínez Las et al，2017；Liang et al，2012）。其中 Liang 等（2012）报道称，模拟胃肠道消化后，桑椹花青素的损失率高达 90%。我们的数据表明，大约 60% 的 TAC 在体外消化过程中降解，这意味着花青素对消化条件特别敏感（尤其是 pH 值）。

表 3.1 红肉苹果果皮和果肉提取物中总酚、类黄酮和花青苷含量（平均值 ± 标准偏差，$n=3$）

| | | 总酚 (mg GAE/100 g FW) | 类黄酮 (mg RE/100 g FW) | 花青苷 (mg C3GE/100 g FW) |
|---|---|---|---|---|
| 皮 | 化学提取 | 574.08 ± 13.20 | 460.55 ± 10.75 | 78.68 ± 2.19 |
| | 消化后 | 381.83 ± 10.15 | 302.37 ± 11.92 | 38.58 ± 3.20 |
| 肉 | 化学提取 | 211.06 ± 7.64 | 148.85 ± 5.13 | 25.60 ± 1.23 |
| | 消化后 | 150.98 ± 6.92 | 89.16 ± 16.22 | 10.02 ± 0.80 |

注：FW 表示鲜重。

表 3.2 显示了红肉苹果不同部位化学提取物和其消化后单体酚类化合物的分布，其中包括 13 种黄酮类化合物和 12 种游离酚酸（FPA）。果皮化学提取物中和消化后总酚含量分别为 4743.28 μg/g 和 3127.19 μg/g。果肉化学提取物中和消化后总酚含量分别为 1420.06 μg/g 和 1023.16 μg/g。尽管 UPLC-MS/MS 结果与 Folin-Ciocalteu 方法获得的数据不一致，但 UPLC-MS/MS 和 Folin-Ciocalteu 数据具有很好的相关性。总的来说，红肉苹果消化后的类黄酮含量明显低于化学提取物中的含量。果皮化学提取物中和消化后中总类黄酮含量分别为 4544.05 μg/g 和 2892.26 μg/g，而果肉化学提取物中和消化后总黄酮含量分别为 1189.17 μg/g 和 697.59 μg/g。红肉苹果果皮和果肉中主要黄酮类化合物的损失率分别为 36.35% 和 41.33%。这一现象与 Garbetta 等（2018）报道的体外消化降低了葡萄皮的类黄酮含量的结果一致。

红肉苹果不同部位体外模拟消化后的 FPA 含量显著高于化学提取物中含量。经过体外消化后，果皮和果肉的 FPA 含量分别是 234.93 μg/g 和 325.57 μg/g，与化学提取物相比，体外消化获得的 FPA 含量分别提高了 1.18 和 1.41 倍，说明模拟消化增加了果肉中游离酚酸的释放。我们的研究结果与 Huang 等（2014）的研究结果一致。红肉苹果果皮化学提取物消化后肉桂酸、阿魏酸、香兰素、香兰酸、绿原酸、对羟基苯甲酸和原儿茶酸的含量为果皮化学提取物中相应含量的 7.04%～94.13%。相比之下，果皮化学提取物消化后水杨酸、香豆素、苯甲酸、丁香酸和没食子酸的含量分别是果皮化学提取物的11.82，2.40，4.01，2.23 和 1.21 倍。此外，果肉化学提取物消化后香豆素、苯甲酸、香草醛酸和绿原酸的含量分别为果肉化学提取物中相应含量的 81.37%，

48.70%,44.40%和85.66%。果肉化学提取物消化后其他FPA含量是果肉化学提取物的2.94～278.75倍。绿原酸是红肉苹果化学提取物中和消化后含量最丰富的羟基肉桂酸(果皮分别为82.43 μg/g和77.59 μg/g,果肉分别为187.58 μg/g和160.68 μg/g),这一含量与之前调查的数据相当(Wang et al, 2015)。Bouayed等(2012)报道说,在体外消化过程中,绿原酸可以异构化为新绿原酸和隐绿原酸。Yuste等(2019)也证明了绿原酸可以被微生物酯酶水解为咖啡酸。在本研究中,由于缺乏酯酶,绿原酸没有被水解。因此,体外消化导致的绿原酸含量下降可能与绿原酸的异构化有关,而与绿原酸的降解无关。此外,由于缺乏相应的外部标准品,样品中的有些未知组分无法进行定性和定量分析,尤其是化学提取物和体外消化后存在的差异酚类物质种类(即体外消化液中存在而化学提取液中不存在的差异物质,如附录2)。然而,这些成分的变化也可能有助于提高红肉苹果中化合物的生物活性。

**表3.2　红肉苹果果皮和果肉化学提取物和其体外消化后的主要多酚组分**

| 总酚 | 皮(μg/g) | | 肉(μg/g) | |
|---|---|---|---|---|
| | 化学提取 | 消化后 | 化学提取 | 消化后 |
| 肉桂酸 | 2.86±0.13 | 1.15±0.08 | ND | 0.01±0.01 |
| 水杨酸 | 6.45±0.38 | 76.26±3.44 | 2.43±0.02 | 29.99±0.62 |
| 香豆素 | 3.65±0.16 | 8.74±0.61 | 1.17±0.04 | 0.95±0.10 |
| 苯甲酸 | 7.80±0.32 | 31.27±1.88 | 20.95± 3.01 | 10.20±0.71 |
| 阿魏酸 | 8.05±0.39 | 0.91±0.05 | 0.23±0.02 | 63.96±2.94 |
| 香兰素 | 16.14±1.05 | 1.14±0.08 | 14.10±0.71 | 43.53±1.38 |
| 丁香酸 | 1.78±0.09 | 3.97±0.07 | 2.31±0.24 | 7.26± 1.06 |
| 香兰酸 | 3.69±0.17 | 0.93±0.03 | 0.87±0.16 | 0.39±0.06 |
| 绿原酸 | 82.43±5.61 | 77.59±6.11 | 187.58±7.91 | 160.68±6.74 |
| 对羟基苯甲酸 | 56.20±3.35 | 25.90±1.05 | 0.25±0.03 | 0.75±0.02 |
| 原儿茶酸 | 8.19±0.27 | 4.66±0.03 | 0.87±0.05 | 6.84±0.07 |
| 没食子酸 | 1.98±0.13 | 2.41±0.25 | 0.12±0.02 | 1.01±0.03 |
| 总酚酸 | 199.23 | 234.93 | 230.89 | 325.57 |
| 原花青素 $B_1$ | 306.65±12.36 | 208.06±15.18 | 153.76±8.02 | 98.49±3.11 |
| 原花青素 $B_2$ | 813.26±20.07 | 586.80±10.24 | 185.23±6.85 | 130.57±11.37 |
| 表没食子儿茶素 | 57.59±5.23 | 51.72±1.60 | 17.28±0.61 | 14.75±1.08 |
| 表儿茶素 | 559.16±19.11 | 383.27±24.08 | 219.32±17.81 | 130.55±16.09 |

续表

| 总酚 | 皮(μg/g) | | 肉(μg/g) | |
|---|---|---|---|---|
| | 化学提取 | 消化后 | 化学提取 | 消化后 |
| 儿茶素 | 406.62±13.07 | 255.94±10.52 | 210.03±22.54 | 145.58±12.51 |
| 槲皮素-3-半乳糖苷 | 452.49±5.15 | 355.98±4.61 | 48.74±1.61 | 24.04±0.98 |
| 槲皮素-3-葡萄糖苷 | 203.84±6.70 | 134.21±6.47 | 32.96±2.32 | 17.36±1.01 |
| 槲皮素-3-阿拉伯糖苷 | 193.22±2.34 | 72.40 ±1.02 | 28.59±0.65 | 9.62±0.27 |
| 槲皮素 | 83.66±8.87 | 51.38±10.17 | 25.32±3.01 | 15.82±3.09 |
| 根皮苷 | 708.42±16.73 | 419.09±23.64 | 63.11±2.67 | 29.62±2.25 |
| 矢车菊素-3-半乳糖苷 | 723.08±22.41 | 350.74±12.81 | 201.52±8.45 | 80.05±7.43 |
| 矢车菊素-3-阿拉伯糖苷 | 12.51±1.37 | 6.52 ±0.13 | 3.31±0.42 | 1.13±0.09 |
| 芦丁 | 23.55±0.58 | 16.16±0.71 | ND | ND |
| 总单体类黄酮 | 4544.05 | 2892.26 | 1189.17 | 697.59 |
| 总单体酚 | 4743.28 | 3127.19 | 1420.06 | 1023.16 |

### 3.3.2 抗氧化能力和相关性分析

红肉苹果不同部位的化学提取物和其消化后的胞外抗氧化活性和胞内抗氧化活性分别见表3.3和表3.4。以ABTS,FRAP,DPPH三种体外抗氧化法测定了红肉苹果不同部位化学提取物和其体外消化液的总抗氧化能力,结果表明,与化学提取相比,红肉苹果在果皮化学提取物体外消化后的抗氧化值分别为(31.26±1.15)TE μM/g FW,(18.96±1.92)TE μM/g FW,(16.05±0.39)TE μM/g FW,分别下降了27.00%,24.97%,27.01%,而在果肉消化液中的抗氧化能力分别下降28.72%,31.00%,32.58%,抗氧化值分别为(11.12±0.52)TE μM/g FW,(7.19±0.92) TE μM/g FW,(5.65±0.11) TE μM/g FW。Wang等(2015)也描述了类似的现象,并揭示了TPC与抗氧化活性之间具有高度正相关性(基于FRAP,ABTS,DPPH值)。相比之下,红肉苹果果皮和果肉的化学提取物经过体外消化后的CAA值分别是(192.13±4.11) μM QE/100 g FW,(123.56±3.05) μM QE/100 g FW,与其化学提取物相比,CAA值分别提高了1.67倍和2.13倍。我们的CAA测定结果与之前的研究结果一致(Huang et al,2014;Faller et al,2012),其中杨梅和feijoada粗面粉经过体外消化后的CAA值显著高于化学提取物的CAA值($p<0.05$)。红肉苹果果皮和果肉化学提取物的CAA值分别为(114.85±6.06) μM QE/100 g FW和(58.03±1.24) μM QE/100 g FW。这一结果表明,红肉苹果的果皮和果肉比

其他常见栽培水果(包括其他苹果品种、柠檬、梨、桃、蓝莓和草莓)的果皮和果肉具有更强的抗氧化能力,它们的CAA值范围为3.68～42.2 μM QE/100 g FW(Wolfe et al,2008)。

表3.5列出了红肉苹果果皮和果肉中植物化学物质和抗氧化能力的皮尔逊相关系数。在果皮和果肉中,TPC,TFC,TAC与总抗氧化能力(基于ABTS,FRAP,DPPH值)成正相关且相关度TPC＞TFC＞TAC。同样,Wang等(2015)揭示了酚类化合物(TPC,TFC,TAC)与总抗氧化活性(基于ABTS,FRAP,DPPH值)之间的高度正相关。相比之下,总抗氧化活性(基于ABTS,FRAP,DPPH值)与FPA含量成负相关,可能是因为红肉苹果皮和果肉在体外消化后总抗氧化活性降低,FPA含量增加。CAA与FPA的相关性最高(果皮和果肉的相关系数分别为0.954和0.990)。然而,CAA与TPC,TFC,TAC成负相关,可能是因为消化道的FPA和CAA值较高,TPC,TFC,TAC值较低。与我们的研究结果一致,Kaisoon等(2012)报道了FPA含量与CAA显著相关。

**表3.3　红肉苹果果皮和果肉的抗氧化活性(FRAP,DPPH,ABTS)**

| | | ABTS (TE μM/g FW) | FRAP (TE μM/g FW) | DPPH (TE μM/g FW) |
|---|---|---|---|---|
| 皮 | 化学提取 | 42.82±3.20 | 25.27±1.75 | 21.99±1.66 |
| | 消化后 | 31.26±1.15 | 18.96±1.92 | 16.05±0.39 |
| 肉 | 化学提取 | 15.60±0.64 | 10.42±0.63 | 8.38±0.58 |
| | 消化后 | 11.12±0.52 | 7.19±0.92 | 5.65±0.11 |

**表3.4　红肉苹果果皮和果肉的细胞抗氧化活性(平均值±标准差,*n*=6)**

| | 皮 | | 肉 | |
|---|---|---|---|---|
| | 消化后 | 化学提取 | 化学提取 | 消化后 |
| EC50(mg/mL) | 4.31±0.26 | 2.53±0.51 | 8.53±0.21 | 3.97±4.36 |
| CAA(μM QE/100 g FW) | 114.85±6.06 | 192.13±4.11 | 58.03±1.24 | 123.56±3.05 |

**表3.5　红肉苹果果皮和果肉提取物和消化液抗氧化活性值**
**(通过ABTS,FRAP,DPPH和CAA)与TPC,TFC,TAC,FPA的Pearson相关系数**

| | TPC | TFC | TAC | FPA |
|---|---|---|---|---|
| 皮 | | | | |
| ABTS | 0.973** | 0.973** | 0.970* | −0.757 |

续表

| | TPC | TFC | TAC | FPA |
|---|---|---|---|---|
| FRAP | 0.941 * * | 0.945 * * | 0.945 * * | −0.658 |
| DPPH | 0.973 * * | 0.973 * * | 0.969 * * | −0.770 |
| CAA | −0.978 * * | −0.976 * * | −0.977 * * | 0.954 * * |
| 肉 | | | | |
| ABTS | 0.999 * * | 0.998 * * | 0.847 * | −0.921 * * |
| FRAP | 0.981 * * | 0.975 * * | 0.799 | −0.840 * |
| DPPH | 0.992 * * | 0.987 * * | 0.809 | −0.918 * * |
| CAA | −0.969 * * | −0.978 * * | −0.912 * | 0.990 * * |

注：* * 估计水平为 0.01；* 估计水平为 0.05；TPC(total phenolic content)表示总酚含量；TFC(total flavonoid content)表示总黄酮含量；TAC(total anthocyanin content)表示花青素总含量；FPA(free phenolic acid)表示游离酚酸。

### 3.3.3 抗增殖能力分析

图 3.1 显示了红肉苹果果皮和果肉(化学提取物和其体外消化液)对人乳腺癌 MDA-MB-231 细胞抗增殖的影响。先前的研究阐明了未消化苹果多酚对人类结肠癌细胞(HT29)(Serra et al,2010)、胃癌细胞(MKN45)和乳腺癌细胞(MCF-7 和 MDA-MB-231)的抗增殖作用(Sun and Liu,2008)。此外,我们先前的研究结果以及 Sun 和 Liu(2008)的研究结果证实,苹果多酚提取物对 MDA-MB-231 细胞的抑制作用强于 MCF-7 细胞。目前的研究结果显示,红肉苹果果肉和果皮的体外消化液比对应的化学提取物对 MDA-MB-231 细胞具有更强的抗癌细胞增殖作用(图 3.1)。果肉化学提取物和其体外消化液的 $EC_{50}$ 分别为 24.63 mg/mL 和 8.15 mg/mL,果皮化学提取物和其体外消化液的 $EC_{50}$ 分别为 13.91 mg/mL 和 6.61 mg/mL。$EC_{50}$ 值越高表明抗增殖活性越弱。我们的研究表明,红肉苹果的化学提取物和其体外消化液的抗癌细胞增殖作用不是细胞毒性引起的。同样,Guo 等(2017)验证了消化显著增强了沙棘浆果对人乳腺癌 MDA-MB-231 细胞的抗增殖能力。事实上,红肉苹果的抗癌细胞增殖作用是以浓度依赖的方式发生的,即随着提取物浓度的增加而增加。在本研究中,红肉苹果消化液多酚的浓度与对癌细胞的抗增殖($r=-0.868$;$p<0.05$)和红肉苹果化学提取物多酚的浓度对癌细胞的抗增殖($r=-0.952$;$p<0.05$)成负相关(表 3.6),但消化液对细胞的毒性($r=0.975$;$p<0.05$)和化学提取物对细胞的毒性($r=0.956$;$p<0.05$)成正相关(表 3.7)。本书中红肉苹果果皮和果肉的化学提取物经过体外消化后表现出对 MDA-MB-231 细胞具有

较强的抗增殖作用，表明对红肉苹果果皮和果肉的研究是未来预防乳腺癌MDA-MB-231细胞的重要研究方向之一。

**表3.6　多酚浓度与细胞增殖的相关性分析**

| | 浓度 | 皮化学提取 | 肉化学提取 | 皮消化 | 肉消化 |
|---|---|---|---|---|---|
| 浓度 | 1.000 | −0.935 | −0.969 | −0.863 | −0.873 |
| 皮化学提取 | −0.935 | 1.000 | 0.959 | 0.923 | 0.935 |
| 肉化学提取 | −0.969 | 0.959 | 1.000 | 0.833 | 0.847 |
| 皮消化 | −0.863 | 0.923 | 0.833 | 1.000 | 0.998 |
| 肉消化 | −0.873 | 0.935 | 0.847 | 0.998 | 1.000 |

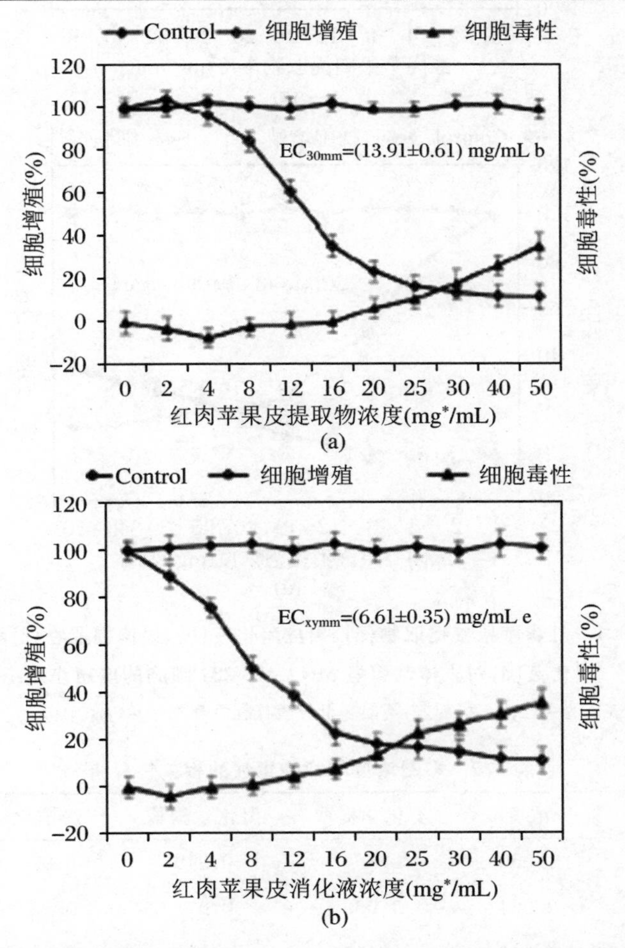


**图3.1　红肉苹果皮提取物(a)、果皮消化液(b)、果肉提取物(c)和果肉消化液(d)对人体乳腺癌MDA-MB-231细胞的增殖作用**

$EC_{50}$表示为平均值±标准差，不同字母代表具有显著性差异($p<0.05$)

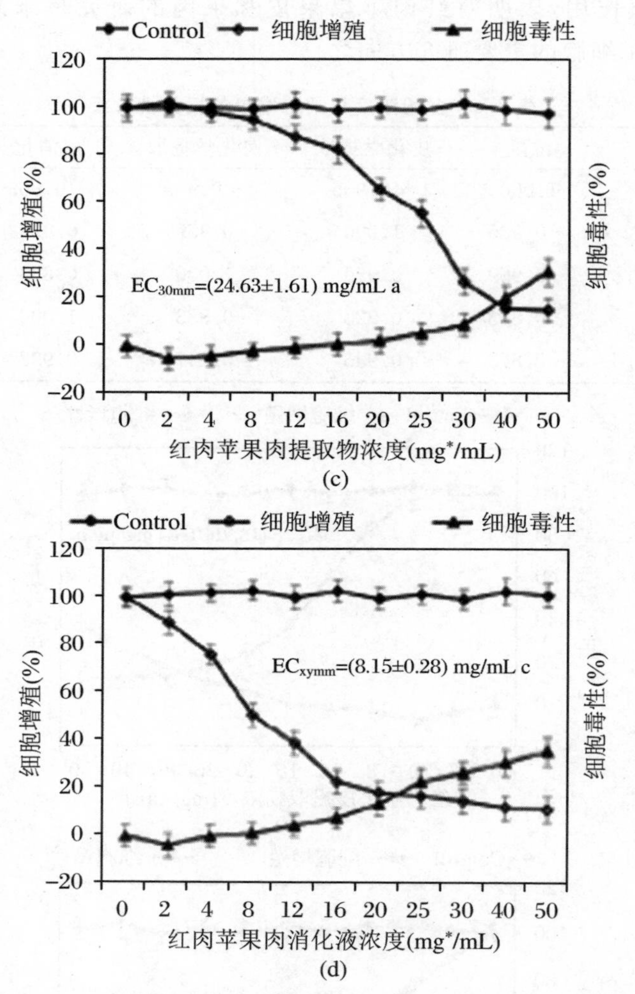


**续图 3.1 红肉苹果皮提取物(a)、果皮消化液(b)、果肉提取物(c)和果肉消化液(d)对人体乳腺癌 MDA-MB-231 细胞的增殖作用**

$EC_{50}$表示为平均值±标准差，不同字母代表具有显著性差异($p<0.05$)

**表 3.7 多酚浓度与细胞毒性的相关性分析**

| | 浓度 | 皮化学提取 | 肉化学提取 | 皮消化 | 肉消化 |
|---|---|---|---|---|---|
| 浓度 | 1.000 | 0.964 | 0.948 | 0.972 | 0.977 |
| 皮化学提取 | 0.964 | 1.000 | 0.977 | 0.957 | 0.958 |
| 肉化学提取 | 0.948 | 0.977 | 1.000 | 0.908 | 0.913 |
| 皮消化 | 0.972 | 0.957 | 0.908 | 1.000 | 0.997 |
| 肉消化 | 0.977 | 0.958 | 0.913 | 0.997 | 1.000 |

## 3.4 红肉苹果的体外消化分析

众所周知，苹果多酚类化合物具有很强的抗氧化和抗癌细胞增殖的特性(Grindel et al,2014；Sun and Liu,2008)。先前的研究证明，苹果果实的体外消化可以改变植物化学特征和酚类物质的抗氧化活性(Bouayed et al,2012；Liu et al,2019)。在胃肠道消化过程中，多酚在被降解或代谢时可能与其他食物成分相互作用，从而影响其吸收和生物活性(Argyri et al,2006；Saura-Calixto et al,2007)。在我们的研究中，红肉苹果体外消化液中的TPC，TFC，TAC均显著降低，并且TAC的降幅最大(高达60%)，这说明花青苷对消化环境特别敏感(尤其是pH值)。但HPLC分析得到结果表明，红肉苹果消化液中FPA含量却显著增高，造成这一结果可能是由于体外消化酶和pH值的变化，导致食物基质中酚类物质的释放(Gumienna et al,2011)。

红肉苹果化学提取物经过体外消化获得的消化液的体外抗氧化能力较化学提取液显著降低，造成这一结果的原因可能是体外消化后红肉苹果总抗氧化活性的降低与TPC的降低有关。Gullon等(2015)报道说，体外消化会降低石榴皮粉的酚类化合物含量和总抗氧化能力。同时，Huang等(2014)的一项研究也证明体外消化降低了杨梅的总抗氧化活性。但是与化学提取物相比，红肉苹果化学提取物的体外消化液获得较高的CAA值，且果皮和果肉产生的变化幅度不同。造成这一结果的原因可以通过FPA和未知成分的变化来解释。尽管体外消化可以引起CAA变化已有报道，但据我们所知，本研究首次用CAA法测定了体外消化对红肉苹果不同部位胞内抗氧化能力的影响。研究结果表明，样品经过体外消化增加了红肉苹果可被细胞吸收的活性酚的含量，并提高了抗氧化剂的生物利用度，这与Faller等(2012)报道的观点一致。

体外消化提高了红肉苹果多酚对癌细胞的抗增殖活性，这一结果与Huang等(2014)报道的体外消化提高了杨梅的抗癌细胞增殖活性类似。红肉苹果对MDA-MB-231细胞抗增殖作用的增加可能是由于细胞可吸收的生物活性物质(如FPA)的丰度增加所致。同时我们发现，体外消化引起果皮和果肉抗癌细胞增殖作用变化幅度的不同，造成这一差异的原因可能是果皮和果肉中FPA和未知物质含量的变化。此外，由于对抗氧化剂及其作用机制的认识有限，本研究难以分析抗氧化剂的贡献及其抗癌细胞增殖活性。此外,由于缺乏相应的标准,有些未知组分无法进行定性和定量分析。然而,这些成分的变化也可能会提高红肉苹果提取物的消化液中酚类化合物的生物活性。先前的研究也证实了三叶青酚类成分被唾液、胃液、肠液消化后,可能分解为更小的分子,从而被机体吸收(孙永,2018)。未来需要加强对消化液中这些未知成分的研究,来更好地明确红肉苹果的活性成分。

## 本章小结

本研究首次研究了体外消化对红肉苹果果实不同部位酚类物质含量的变化、体外抗氧化能力和抗癌细胞增殖活性的影响。通过 UPLC-MS/MS 和高效液相色谱法对主要多酚的鉴定结果表明,与红肉苹果化学提取物相比,体外消化液中总酚类、黄酮类和花青素含量较少,但游离酚酸含量较高。对体外抗氧化能力[包括 ABTS 自由基清除活性、DPPH 自由基清除能力、铁还原抗氧化能力(FRAP)和细胞抗氧化活性(CAA)]的分析表明,与化学提取物相比,体外消化降低了 ABTS,DPPH,FRAP 值,但增加了 CAA 值。这些结果表明,体外消化提高了酚类物质的有效性。此外,我们的研究结果表明,相对于提取物,体外消化促进了红肉苹果皮和果肉的抗癌细胞增殖活性。传统的化学提取方法低估了红肉苹果的胞内抗氧化能力和对人乳腺癌 MDA-MB-231 细胞的抗增殖活性,并未观察到明显细胞毒性的变化。基于目前的研究结果,未来的体内研究是值得期待的。

# 第4章　红肉苹果多酚抑制乳腺癌 MDA-MB-231细胞增殖研究

近些年来，大量的研究表明水果、蔬菜中含有众多的生物活性物质，对人体的健康具有重要的作用。乳腺癌是女性中常见的一种恶性肿瘤，起源于乳腺导管内上皮或乳腺腺泡上皮，发病率位居女性恶性肿瘤的首位（Siegel et al，2016）。由于天然产物具有化学结构独特、多靶点、多途径、副作用小等优点，备受消费者的青睐，成为近年来国内外研究的热点。而苹果作为人们生活中最常见的水果之一，值得深入研究。

目前，关于苹果多酚抑制肿瘤细胞增殖的研究已有很多报道，研究者发现苹果多酚提取物对Caco-2、Hela、MCF-7、HepG2、A549、SH-5YSY、MDA-MB-231细胞的增殖有着不同程度的抑制作用且具有浓度依赖性（Luo et al，2016；Faramarzi et al，2015；Li et al，2020）。红肉苹果多酚提取物抑制癌细胞增殖的研究已有报道（Faramarzi et al，2015；Li et al，2020），同时，Yang等（2015）报道了常用鲜食苹果“粉红女士”果皮对MCF-7细胞的抗增殖能力是果肉的5倍。目前关于苹果多酚的营养保健研究绝大多数都集中在果皮部分。通过我们前面的研究发现，红肉苹果果肉多酚提取物和果皮多酚提取物均含有大量的酚类物质，因此，关于红肉苹果的活性部位及其作用机制有必要进行进一步的研究。本章首先对红肉苹果的果皮多酚和果肉多酚进行了提取，然后通过CCK8法、流式细胞术等方法观察红肉苹果果皮多酚和果肉多酚对人体乳腺癌MDA-MB-231细胞的抑制和诱导凋亡作用，并通过Western Bolt技术探究抗MDA-MB-231细胞的作用机制。

## 4.1 试验材料

### 4.1.1 苹果材料

本研究所用的苹果材料参照3.1.1节描述的方法进行处理。

### 4.1.2 细胞材料

参照2.1.2节的描述进行细胞材料的购买。

## 4.2 评估方法

### 4.2.1 酚类物质的提取

果皮和果肉中游离态多酚的提取参照2.2.1.1中描述的方法进行。利用真空冷冻干燥机分别从苹果果皮和果肉中提取游离态多酚获得苹果果皮多酚(APP)和苹果果肉多酚(AFP)。

### 4.2.2 酚类物质含量的测定

#### 4.2.2.1 总酚的测定

APP和AFP中总酚含量的测定参照2.2.2.1中描述的方法进行。

#### 4.2.2.2　类黄酮的测定

APP 和 AFP 中类黄酮含量的测定参照 2.2.2.2 中描述的方法进行。

#### 4.2.2.3　总花青苷含量的测定

APP 和 AFP 中总花青苷含量的测定参照 2.2.2.4 中描述的方法进行。

### 4.2.3　类黄酮的 UPLC-MS/MS 分析

APP 和 AFP 中类黄酮组分含量的测定参照 2.2.3 中描述的方法进行。

### 4.2.4　抑制癌细胞增殖分析

APP 和 AFP 抗癌细胞增殖实验参照 2.2.5 节描述的方法进行。

### 4.2.5　细胞毒性分析

APP 和 AFP 的细胞毒性分析参照 2.2.6 节描述的方法进行。

### 4.2.6　流式细胞术检测细胞周期

流式细胞仪检测细胞周期的分布参照 Li 等(2013)描述的方法进行，稍做修改，具体步骤如下：

(1) 人体乳腺癌 MDA-MB-231 细胞经过 2.2.5.1 的常规培养后，按照 2.2.5.2中步骤(1)和步骤(2)中描述的方法进行菌悬液的制备和计数。

(2) 2 mL 的 MDA-MB-231 细胞以 $5\times10^5$ 细胞/孔的种植密度接种于 6 孔板。

(3) 种好细胞的 6 孔板放在 37 ℃的 5% $CO_2$ 细胞培养箱中培养 24 h。

(4) 将 6 孔板中的生长培养基弃除，用无菌 PBS 清洗两次后，分别用浓度为 0，500 μg/mL，1000 μg/mL 的 APP 或 AFP 的培养基处理细胞。

(5) 在 37 ℃的 5% $CO_2$ 培养箱中处理细胞 24 h 后，收集处理培养基备用，不含 EDTA 的胰酶消化，加入收集的处理培养基终止消化，1000 × $g$ 离心 5 min，小心吸取上清液，注意残留约 50 μL 培养液，避免将细胞吸走。

(6) 加入 1 mL 冰浴的 PBS 缓冲液清洗重悬细胞，转移到 1.5 mL 的离心管中,1000×$g$ 离心 5 min,小心吸取上清液,可残留约 50 μL PBS,避免吸走细胞,用指尖轻轻弹击离心管底部,避免细胞成团。

(7) 加入 1 mL 冰浴的 70%乙醇,轻轻吹打混匀,于 4 ℃过夜固定,固定完后,1000×$g$ 离心 5 min 以沉淀细胞,小心吸取上清液,可残留约 50 μL70%预冷的乙醇,避免吸走细胞。

(8) 加入 1 mL 冰浴的 PBS 缓冲液清洗重悬细胞,再次 1000×$g$ 离心 5 min 沉淀细胞,小心吸取上清液,可残留约 50μL 冰浴的 PBS,避免吸走细胞,用指尖轻轻弹击离心管底部,避免细胞成团。

(9) 参考表 4.1,根据待检测样品的数量配制适量的碘化丙啶染色液,配制好的碘化丙啶染色液可在 4 ℃短期保存,最好现配现用。

**表 4.1 碘化丙啶染色液的配制**

| | 待测定样品个数 | 1 | 6 | 12 |
|---|---|---|---|---|
| 样品体积 | 染色缓冲液(mL) | 0.5 | 3 | 6 |
| | 碘化丙啶染色液(20×,μL) | 25 | 150 | 300 |
| | RNase A (50×,μL) | 10 | 60 | 120 |
| | 终体积(mL) | 0.535 | 3.21 | 6.42 |

(10) 向每管中加入 0.5 mL 碘化丙啶染色液,缓慢并且充分的悬浮细胞沉淀,37 ℃避光孵育 30 min,随后置于冰上避光待测。

(11) 细胞经过 300 目细胞筛过滤之后,用流式细胞仪进行检测和分析,检测条件为:激发波长 488 nm,用 ModFit LT™ 3.1 软件包(Verity Software House Inc.,Topsham,ME,USA)进行细胞 DNA 含量分析。所有的样品均进行 3 个独立的生物学重复,数据表示成“平均值±标准差”(mean±SD)形式。

### 4.2.7 流式细胞术检测细胞凋亡

细胞凋亡用 Annexin V-FITC 细胞凋亡试剂盒进行检测,其基本原理是细胞发生凋亡早期,会把磷脂酰丝氨酸外翻到细胞膜外侧,可被带有绿色荧光探针 FITC 标记的 Annexin V 识别,而碘化丙啶(propidium iodide,PI)可以染色坏死细胞或凋亡晚期的细胞。Annexin V-FITC 染色阳性并且 PI 染色阴性(Annexin V+/PI−)的细胞,即凋亡细胞;Annexin V-FITC 和 PI 染色双阳性(Annexin V+/PI+)的细胞,即坏死细胞。Annexin V-FITC 染色阴性 PI 染色阳性(Annexin V−/PI+)的细胞是许可范围内检测误差。实验操作参照生产制造商提供的说明书进行,并做适当调整。具体步骤如下:

(1) 细胞处理参照 4.2.6 中步骤(1)～步骤(4)进行。

(2) 在 37 ℃的 5% $CO_2$ 培养箱中处理细胞 48 h 后，收集处理培养基备用，用不含 EDTA 的胰酶消化，加入收集的处理培养基终止消化，1000 × $g$ 离心 5 min，小心弃样上清液收集细胞，然后用 PBS 轻轻重悬细胞计数。

(3) 取大约 $10^5$ 个重悬细胞，1000 × $g$ 离心 7 min，弃样上清液，加入 195 μL Annexin V-FITC 结合液轻轻重悬细胞。

(4) 向混合物中分别加入 5 μL Annexin V-FITC 和 10 μL PI，并轻轻混匀。

(5) 样品在室温下避光孵育 20 min，孵育过程中重悬细胞 2～3 次以确保染色效果，然后置于冰浴中避光待测。

(6) 细胞经过 300 目细胞筛过滤之后，立即用 BD-FACS-AriaⅢ流式细胞仪(Bekton-Dickinson)进行分析。其中 Annexin V-FITC 是绿色荧光，PI 是红色荧光。数据用流式细胞仪自带软件进行分析。

所有的样品均进行 3 个独立的生物学重复，数据表示成"平均值 ± 标准差"(mean ± SD)形式。

### 4.2.8　流式细胞术检测 ROS

人体乳腺癌 MDA-MB-231 细胞中 ROS 含量利用荧光探针进行检测，其基本原理是：DCFH-DA 本身并没有荧光，可自由穿过细胞膜，进入细胞内后，可被细胞内酯酶水解生成 DCFH。而 DCFH 不能通过细胞膜，从而使探针被装载到细胞内。细胞内的活性氧可氧化 DCFH(无荧光)生成 DCF(有荧光)。通过检测 DCF 的荧光就可知道细胞内活性氧的水平。实验操作参照 Li 等(2013)描述的方法进行，稍做修改，具体步骤如下：

(1) 细胞处理参照 4.2.6 中步骤(1)～步骤(5)进行。

(2) 消化收集的细胞悬浮于 10 μmol/L DCFH-DA 的无血清 DMEM 中。

(3) 悬浮的细胞在 37 ℃温度下避光孵育 20 min，每 5 min 混匀一次。

(4) 用无血清 DMEM 清洗细胞 3 次，以充分去除未进入细胞内的 DCFH-DA。

(5) 细胞经过 300 目细胞筛过滤之后，立即用 BD-FACS-AriaⅢ流式细胞仪(Bekton-Dickinson)进行分析。检测条件：激发波长为 488 nm，发射波长为 525 nm，数据用流式细胞仪自带软件进行分析。

所有的样品均进行 3 个独立的生物学重复，数据表示成"平均值 ± 标准差"(mean ± SD)形式。

## 4.2.9 caspase 9/3 活性的测定

caspase 9/3 活性的测定用分光光度法检测试剂盒进行，caspase 分光光度法检测的基本原理：将 caspase 序列特异性的多肽偶联至黄色发光基团 pNA（*p*-nitroaniline，4-硝基苯胺）。当该底物被活化的 caspase 剪切后，黄色的发光基团 pNA 游离出来，可通过测定 405 nm 处的吸光度来检测 caspase 的活性。实验操作参照生产制造商提供的说明书进行并稍做调整，具体步骤如下：

（1）细胞处理参照 4.2.6 节步骤（1）～步骤（5）进行。

（2）处理细胞完成后，收集细胞培养液备用，胰酶消化细胞收集至备用的细胞培养液中，300×*g* 离心 5 min，小心吸除上清，PBS 清洗细胞一次。

（3）向每 200 万细胞中加入 100 μL 裂解液，轻轻重悬沉淀，冰浴裂解 15 min。

（4）将裂解物于 4 ℃温度下 16000×*g* 离心 15 min，并将上清液转移到冰浴的离心管中。

（5）离心后，将 40 μL 检测缓冲液、50 μL 样品（含 50～150 μg 蛋白质）和 10 μL催化底物（caspase-3：Ac-DEVD-pNA；caspase-9：Ac-LEHD-pNA）加入 96 孔板中并混匀。

（6）样品在 37 ℃温度下孵育 2 h，并用多模式平板阅读器 VICTOR X4（美国 PerkinElmer）在 405 nm 处测其吸光度。

（7）数据反应的是对照组的百分比，其被设定为 1.0。

所有的样品均进行 3 个独立的生物学重复，数据表示成“平均值±标准差”（mean±SD）形式。

## 4.2.10 western blot 分析

### 4.2.10.1 溶剂及试剂

SDS-PAGE 凝胶配制试剂：1.5 mol/L Tris-HCl（pH8.8）、1 mol/L Tris-HCl（pH6.8）、30% Acr-Bis（29∶1）、10%过硫酸铵、10% SDS、TEMED。

Tris-Glycine SDS 电泳缓冲液：192 mmol/L 甘氨酸、25 mmol/L Tris、0.1% SDS、pH＝8.3。

Tris-Glycine 转膜缓冲液：192 mmol/L 甘氨酸、25 mmol/L Tris、20%（v/v）甲醇、pH＝8.3。

TBST:20 mmol/L Tris,137 mmol/L 氯化钠、0.1% Tween 20、pH = 7.6。

4 份上样缓冲液:8% (w/v) SDS、250 mmol/L Tris-HCl (pH 6.8)、40%甘油和 β-巯基乙醇、0.04% (w/v) 溴酚蓝。

封闭液:5%脱脂奶粉分散于 1 份 TBST 中。

一抗稀释液:5% BSA 分散于 1 份 TBST 中。

二抗稀释液:5%脱脂奶粉分散于 1 份 TBST 中。

#### 4.2.10.2 蛋白样品的制备

细胞蛋白质的提取均在冰上进行,具体操作步骤如下:

(1) 人体乳腺癌 MDA-MB-231 细胞的处理参照 4.2.6 小节步骤(1)~步骤(5)进行。

(2) 处理完的细胞加入预冷的 PBS 缓冲液,清洗细胞 2 遍。

(3) 向 6 孔板每孔中加入 100 μL 含蛋白酶抑制剂、磷酸酶抑制剂和 EDTA 的 RIPA 裂解液(强),冰浴裂解 2 min,并用细胞刮刀刮取收集细胞样品到 1.5 mL离心管中,样品置于冰上。

(4) 依次用直径 0.8 mm 和 0.5 mm 的注射器针头配注射器(1 mL)反复抽吸 20 次,使样品充分裂解。

(5) 样品充分裂解后,于 4 ℃温度下 13000 r/min 离心 5 min,收集上清。

(6) 用 BCA 法测定细胞样品的蛋白浓度,用 RIPA 裂解液(强)调整样品蛋白浓度,使其一致。

(7) 蛋白样品和 4 份上样缓冲液以 3 : 1(v/v)进行混匀,用 PCR 仪在95 ℃下变性 5 min。

(8) 变性完成的蛋白质随后置于冰上立即使用或 − 20 ℃冻存备用。

#### 4.2.10.3 SDS-PAGE 电泳

(1) 配制 SDS-PAGE 凝胶(10 cm × 10 cm):组装好制胶模具,确保凝胶玻璃板的密封性,根据目的蛋白的分子量大小配制不同浓度的分离胶,待分离胶充分凝固后加入 5%的浓缩胶,并插入梳子避免产生气泡,静置待其充分凝固。其中凝胶厚度为 1 mm,加样孔数为 15 孔。

(2) 上样:拔出梳子后,将玻璃板放置于电泳槽中,由内向外加入电泳缓冲液,使凝胶上下均能没于电泳缓冲液中,分别取 10 μL (约 30 μg 总蛋白)的样品或 3 μL 预染蛋白 marker 加入上样孔中。

(3) 电泳:电泳开始先用 80 V 恒压跑,约 30 min 后,待样品跑到浓缩胶与分离胶的交界处时,将电压改为 120 V,待溴酚蓝迁移至分离胶底部时停止电泳。

#### 4.2.10.4 转膜

(1) PVDF膜在甲醇中浸泡活化至少1 min,然后在无菌水中浸泡2 min,最后转移至转膜液浸泡约5 min。

(2) 将滤纸、纤维垫、凝胶都放在转膜液中浸泡至少1 min。

(3) 将纤维垫-滤纸-凝胶-PVDF膜-滤纸-纤维垫从黑板至红板依次放置,组装"三明治"转膜夹。

(4) 恒定电压70 V,冰浴转膜1～2 h。

(5) 转膜结束后,通过丽春红染色观察转膜效果。用TBST清洗丽春红染液后进行蛋白免疫反应。

#### 4.2.10.5 蛋白免疫反应

(1) 将转印的PVDF膜置于10 mL 5%脱脂奶粉的TBST中,室温在摇床上封闭1 h。

(2) 去除封闭液,封闭后的PVDF膜用TBST缓冲液清洗3～5次,每次5 min。

(3) 根据目的蛋白分子量的大小,参照marker的位置剪开,加入相应的一抗反应液,置于4 ℃摇床上孵育过夜。

(4) 收集一抗稀释液,同时用TBST缓冲液清洗孵育一抗的PVDF膜3～5次,每次5 min。

(5) 将PVDF膜加入相应的二抗反应液中,室温摇床上孵育1 h。

(6) 用TBST缓冲液清洗二抗孵育结束后的PVDF膜3～5次,每次5 min。

(7) 均匀加入显影液(ECL化学发光A液、B液,1∶1)显影后,用ChemiDoc™ MP蛋白成像系统(BIO-RAD)进行图像采集,蛋白条带用Image J software (NIH,USA)进行灰度分析。

### 4.2.11 数据分析

数据分析参照2.2.7小节描述的方法进行。

# 4.3　APP/AFP 抑制乳腺癌 MDA-MB-231 细胞增殖的研究

## 4.3.1　APP 和 AFP 中总酚、黄酮、黄烷醇和花青苷的含量

APP 和 AFP 中总酚、类黄酮、黄烷醇和花青苷的含量见表 4.2。由表 4.2 可知，APP 中总酚、类黄酮、黄烷醇、花青苷的含量分别是(198.91 ± 13.20) mg GAE/g，(173.02 ± 10.75) mg RE/g，(85.22 ± 3.66) mg CE/g，(24.11 ± 2.19) mg C3GE/g，而 AFP 中各指标的含量分别是(131.19 ± 7.64) mg GAE/g，(111.09 ± 5.13) mg RE/g，(58.26 ± 2.58) mg CE/g，(11.84 ± 1.23) mg C3GE/g。APP 中总酚、类黄酮、黄烷醇和花青苷的含量分别是 AFP 各指标的 1.52，1.56，1.46，2.03 倍。结果表明，APP 中 TPC，TFC，TFAC，TAC 均显著高于 AFP 组。

表 4.2　红肉苹果不同部位多酚提取物(总酚、类黄酮、黄烷醇、花青苷)的含量(平均值 ± 标准差，$n = 3$)

| 部位 | 多酚提取物含量 | | | |
|---|---|---|---|---|
| | 总酚<br>mg GAE/g extracts | 类黄酮<br>mg RE/g extracts | 黄烷醇<br>mg CE/g extracts | 花青苷<br>mg C3GE/g extracts |
| 果皮 | 198.91 ± 13.20 | 173.02 ± 10.75 | 85.22 ± 3.66 | 24.11 ± 2.19 |
| 果肉 | 131.19 ± 7.64 | 111.09 ± 5.13 | 58.26 ± 2.58 | 11.84 ± 1.23 |

## 4.3.2　UPLC-MS/MS 分析 APP 和 AFP 的酚类成分

采用 UPLC-MS/MS 对 APP 和 AFP 中的 14 种主要酚类化合物进行定性和定量分析，主要包括羟基肉桂酸、黄烷醇、黄酮醇、二氢查尔酮和花青苷，定性及定量结果见表 4.3。由表可知，APP 中，原花青素 $B_2$ 的含量最高，为 27.73 mg/g，其次为矢车菊素-3-半乳糖苷、根皮苷、表儿茶素、槲皮素-3-半乳糖苷、儿茶素、原花青素 $B_1$、槲皮素-3-葡萄糖苷、槲皮素-3-阿拉伯糖苷、绿原酸、槲

皮素、表没食子酸儿茶素、芦丁、矢车菊素-3-阿拉伯糖苷，含量分别为25.92 mg/g，25.14 mg/g，21.37 mg/g，15.60 mg/g，14.26 mg/g，11.17 mg/g，7.85 mg/g，5.15 mg/g，3.09 mg/g，3.02 mg/g，2.30 mg/g，0.94 mg/g 和0.30 mg/g。而AFP中各指标的含量从高到低依次为：表儿茶素(13.23 mg/g)，儿茶素(12.79 mg/g)，矢车菊素-3-半乳糖苷(11.36 mg/g)，绿原酸(11.18 mg/g)，原花青素 $B_2$(10.83 mg/g)，原花青素 $B_1$(8.55 mg/g)，根皮苷(3.60 mg/g)，槲皮素-3-半乳糖苷(2.64 mg/g)，槲皮素-3-葡萄糖苷(1.72 mg/g)，槲皮素-3-阿拉伯糖苷(1.61 mg/g)，槲皮素(1.47 mg/g)，和少量的表没食子儿茶素和矢车菊素-3-阿拉伯糖苷。本研究中的UPLC-MS/MS结果表明，APP中酚类化合物的含量明显高于AFP中的含量，但在种类上没有明显差别。

### 4.3.3 APP 和 AFP 对人乳腺癌细胞的抗增殖作用

APP和AFP对人乳腺癌细胞(MCF-7和MDA-MB-231)的抗增殖作用如图4.1所示，由图可知：APP和AFP以剂量和时间依赖性方式显著抑制MDA-MB-231和MCF-7细胞的生长。当对MDA-MB-231细胞进行处理时，250 μg/mL，500 μg/mL，1000 μg/mL APP处理48 h后的抑制率分别为18.79%，39.18%，59.36%，显著高于相同浓度AFP处理48 h的抑制率(分别为10.20%，31.49%，52.89%)。同样，当对MCF-7细胞进行处理时，250 μg/mL，500 μg/mL，1000 mg/mL APP处理48 h的抑制率分别为16.61%，27.67%，40.72%，而相同浓度AFP处理48 h后的抑制率分别为9.34%，21.08%，36.49%($p<0.05$)。随着APP或AFP处理时间的延长，MDA-MB-231细胞经72 h处理后，各提取物的抑制率均显著提高。APP的抑制率分别为28.31%，48.47%，67.30%，而AFP的抑制率25.77%，42.14%，63.50%。当MCF-7细胞经过APP处理72 h后，生长抑制率分别为22.67%，34.47%，48.99%，AFP的抑制率分别为13.46%，28.87%，43.79%。MDA-MB-231细胞分别被APP或AFP作用48 h后，相应的 $IC_{50}$ 分别为662.97 μg/mL和860.24 μg/mL。因此，我们认为红肉苹果的酚类提取物可以抑制人体乳腺癌细胞的活性，并以浓度依赖和时间依赖的方式抑制癌细胞的增长。同时，红肉苹果皮酚类提取物对癌细胞的抑制效果优于果肉提取物。

表 4.3　UPLC-MS/MS 法测定红肉苹果果皮和果肉提取物中的酚类化合物的含量(平均值 ± 标准差，$n = 3$)

| 酚类组分 | $tR_{(min)}$ | M-1 | 碎片 | MRM (multi reaction monitor) | 分子式 | $M_r$ | APP (mg/g extracts) | AFP (mg/g extracts) |
|---|---|---|---|---|---|---|---|---|
| 绿原酸 | 4.95 | 353 | 191 | 353>191 | $C_{16}H_{18}O_9$ | 354 | 3.09 ± 0.13 | 11.18 ± 0.73 |
| 原花青素 $B_1$ | 5.11 | 577 | 425,407,289 | 577>407 | $C_{30}H_{26}O_{12}$ | 578 | 11.17 ± 1.14 | 8.55 ± 0.52 |
| 原花青素 $B_2$ | 5.56 | 577 | 425,407,289 | 577>407 | $C_{30}H_{26}O_{12}$ | 578 | 27.73 ± 2.08 | 10.83 ± 1.11 |
| 表没食子儿茶素 | 3.87 | 305 | 219,165,137,125 | 305>219 | $C_{15}H_{14}O_7$ | 306 | 2.30 ± 0.25 | 0.94 ± 0.27 |
| 表儿茶素 | 6.33 | 289 | 245,203,137 | 289>245 | $C_{15}H_{14}O_6$ | 290 | 21.37 ± 3.26 | 13.23 ± 1.01 |
| 儿茶素 | 4.5 | 289 | 245,203,137 | 289>245 | $C_{15}H_{14}O_6$ | 290 | 14.26 ± 1.03 | 12.79 ± 0.81 |
| 槲皮素-3-半乳糖苷 | 9.73 | 463 | 300 | 463>300 | $C_{21}H_{20}O_{12}$ | 464 | 15.60 ± 1.28 | 2.64 ± 0.10 |
| 槲皮素-3-葡萄糖苷 | 10.07 | 463 | 300 | 463>300 | $C_{21}H_{20}O_{12}$ | 464 | 7.85 ± 0.56 | 1.72 ± 0.11 |
| 槲皮素-3-阿拉伯糖苷 | 10.86 | 433 | 300 | 433>300 | $C_{20}H_{18}O_{11}$ | 434 | 5.15 ± 0.32 | 1.61 ± 0.12 |
| 根皮苷 | 13.29 | 435 | 273,167 | 435>273 | $C_{21}H_{24}O_{10}$ | 436 | 25.14 ± 1.57 | 3.60 ± 0.25 |
| 槲皮素 | 14.16 | 301 | 179,151 | 301>151 | $C_{15}H_{10}O_7$ | 302 | 3.02 ± 0.38 | 1.47 ± 0.42 |
| 芦丁 | 9.68 | 609 | 301 | 609>301 | $C_{27}H_{30}O_{16}$ | 610 | 0.94 ± 0.07 | ND |
| 矢车菊素-3-半乳糖苷 | 4.62 | 449 | 287 | 449>278 | $C_{21}H_{21}O_{11}Cl$ | 484 | 25.92 ± 1.96 | 11.36 ± 1.02 |
| 矢车菊素-3-阿拉伯糖苷 | 5.43 | 419 | 287 | 419>287 | $C_{20}H_{19}O_{10}Cl$ | 454 | 0.30 ± 0.08 | 0.12 ± 0.01 |

注：ND 表示未检出。

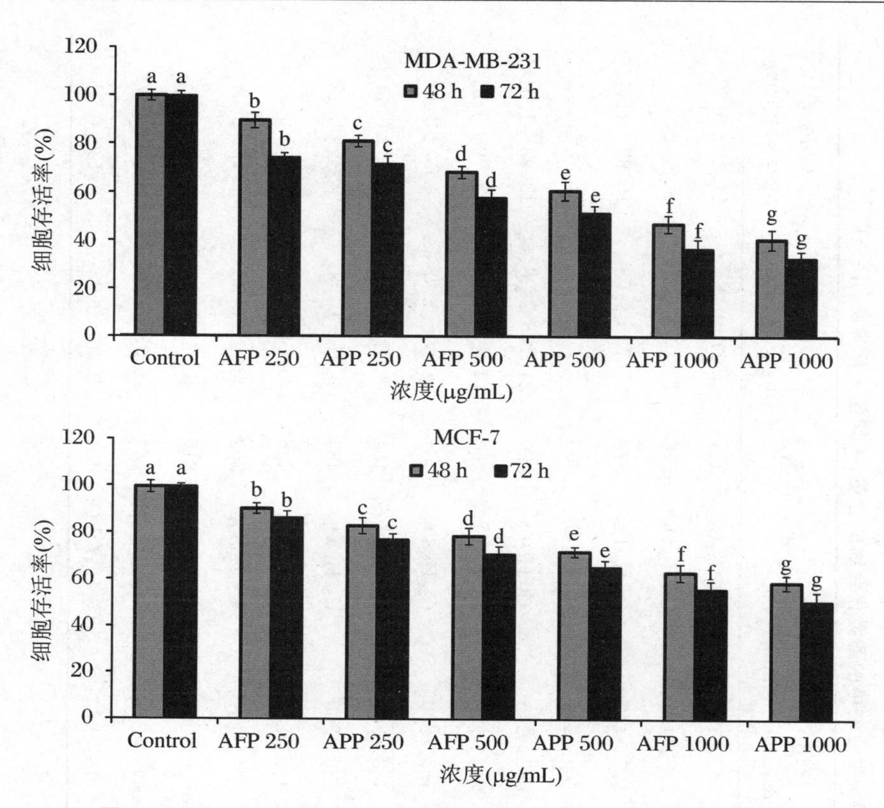


**图 4.1　APP 和 AFP 对 MDA-MB-231 和 MCF-7 细胞的抗增殖作用**

用不同浓度的 APP 或 AFP(0,250 μg/mL,500 μg/mL,1000 μg/mL)处理细胞 48 h 和72 h,结果用"平均值±标准差"表示。柱状图上的不同字母代表显著性差异($p<0.05$)

## 4.3.4　AFP 和 APP 诱导的细胞周期阻滞

细胞周期是细胞的增殖过程,一旦失控,便会导致肿瘤的起始和转移(Evan and Vousden,2001),主要受细胞周期蛋白(cyclin)、细胞周期抑制因子(cyclin-dependent kinases inhibitor,CKI),周期依赖性蛋白激酶(cyclin-dependent kinases,CDKs)等调控。肿瘤细胞的增殖需要经过 G1 期(DNA 合成前期)、S 期(DNA 合成期)、G2 期(DNA 合成后期)和 M 期(有丝分裂期)四个时期。在细胞生长分裂的过程中,当受到外界刺激时,会使一些细胞分裂停滞在某一周期,不能顺利进入下一个阶段。诱导肿瘤细胞的周期停滞与凋亡可以有效的抑制癌细胞的生存与增长(Rezaei et al,2012)。为了阐明 APP 和 AFP 是否通过细胞周期阻滞抑制细胞生长,根据前期的研究结果,选取红肉苹果多酚抗增殖效果较好的"美红"和 MDA-MB-231 细胞作为研究对象,使用流式细胞术和 western blot 评估细胞周期的变化并分析细胞周期相关蛋白的表达。

#### 4.3.4.1　流式细胞术分析 AFP 和 APP 对细胞周期的影响

为了评估红肉苹果 AFP 和 APP 能否引起 MDA-MB-231 细胞周期阻滞，我们用流式细胞术检测了 0，500 μg/mL，1000 μg/mL 的 AFP 和 APP 处理细胞 24 h 后的周期分布图（图 4.2，见书后彩图）。由图可知，与对照组相比，500 μg/mL 和 1000 μg/mL 的 APP 或 AFP 处理显著增加了 G0/G1 细胞的积累。与对照组（60.59%）相比，500 μg/mL 和 1000 μg/mL AFP 处理组 G0/G1 的累积量分别增加到 68.75% 和 78.26%，500 μg/mL 和 1000 μg/mL APP 处理组 G0/G1 的累积量分别增加到 75.00% 和 82.14%。同时，S 期细胞比例下降（500 μg/mL 和 1000 μg/mL AFP 分别使 S 期细胞比例从 31.41% 下降到 23.44%和13.74%，而 500 μg/mL 和 1000 μg/mL APP 则分别使 S 期细胞的比例下降到 17.00%和 9.86%）。然而，每种处理对 G2/M 细胞的比例没有显著影响。这些结果表明 AFP 和 APP 均通过诱导 G1 期阻滞来抑制 MDA-MB-231 细胞生长，且呈现出剂量依赖性，APP 的作用强于 AFP。这一结果与先前 Sun 和 Liu (2008)的研究结果一致，但与 Stefania 等 (2017)的研究结果不一致，前者提出苹果多酚提取物通过诱导乳腺癌细胞 G1 期阻滞，而后者则认为是通过诱导 G2/M 期阻滞来抑制细胞的生长和增殖。

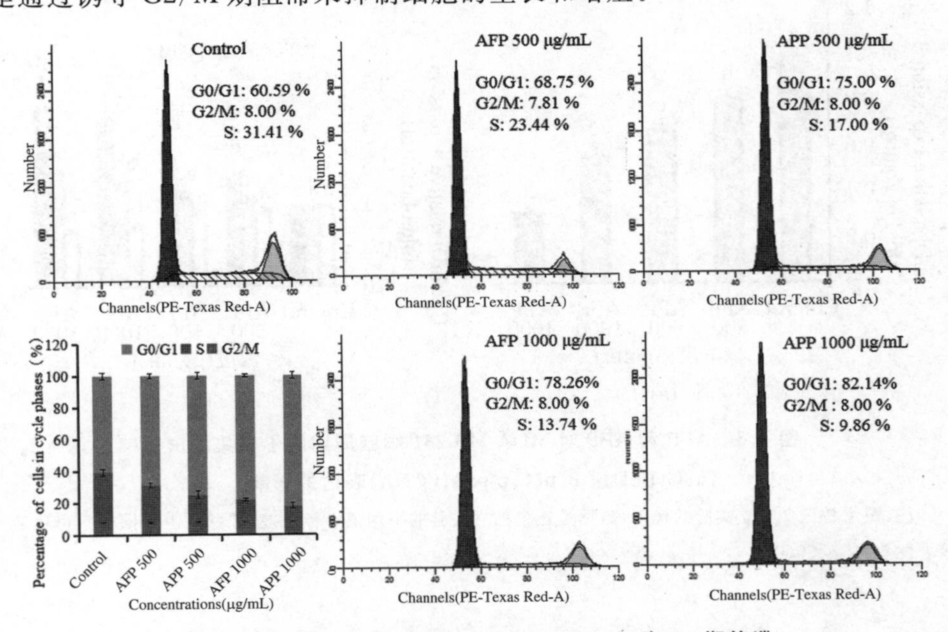


**图 4.2　AFP 和 APP 诱导 MDA-MB-231 细胞 G1 期停滞**

分别用 0，500 μg/mL，1000 μg/mL 的 AFP 和 APP 处理细胞 24 h 后的细胞周期分布图；G0/G1，S，G2/M 各时期细胞数占细胞总数的百分比。所有的数值（mean ± SD）来自三个独立生物学实验

#### 4.3.4.2 Western blot

为了进一步探讨 AFP 和 APP 如何诱导 MDA-MB-231 细胞 G1 期阻滞，我们用 Western-bloting 对细胞周期抑制蛋白和细胞周期相关蛋白进行了检测(图 4.3)。由图 4.3 可知，与对照组相比，红肉苹果多酚提取物 AFP 和 APP 可显著提高细胞周期抑制蛋白 p-p53 和 p21 的表达[图 4.3(b)]，下调细胞周期相关蛋白 Cyclin D1 和 PCNA 的表达(图 4.3)。且在 0～1000 μg/mL 范围内呈一定的浓度依赖性。上述结果表明：红肉苹果多酚提取物 APP 和 AFP 均可通过调节细胞周期相关的蛋白诱导 MDA-MB-231 细胞周期阻滞。

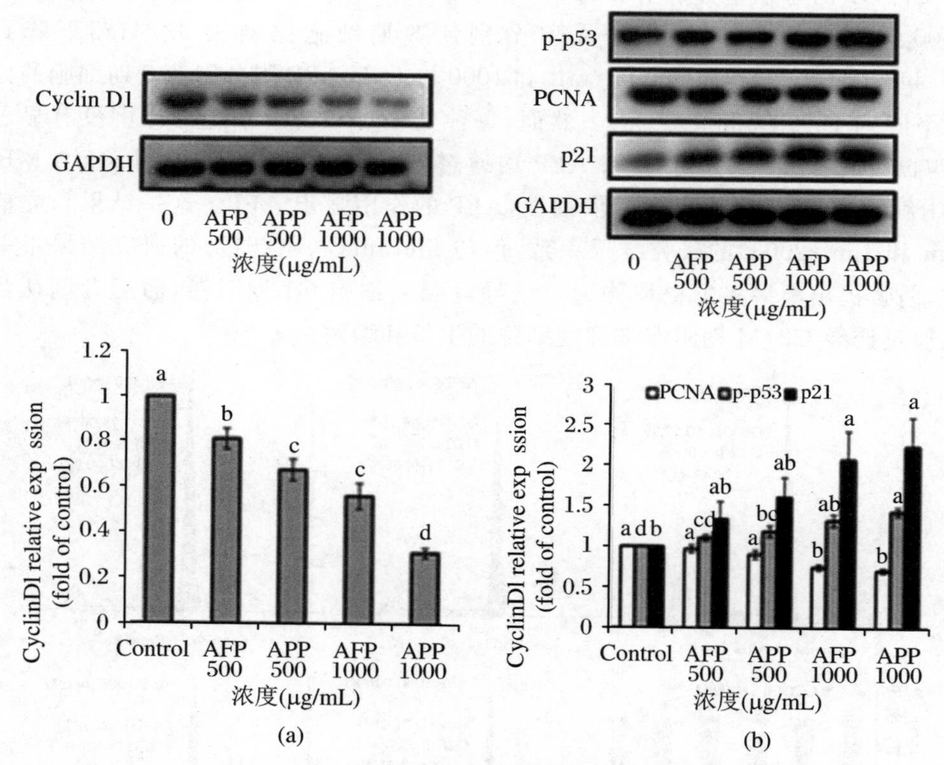


**图 4.3 AFP 和 APP 对 MDA-MB-231 细胞周期因子相关蛋白(a:CylinD1; b:p21,p-p53,PCNA)表达的影响**

注：图像是三个独立实验的代表，数据是三个独立实验的平均值±标准差，柱状图上不同的字母代表显著性差异($p<0.05$)

## 4.3.5 APP 和 AFP 诱导细胞凋亡

细胞凋亡是指为维持内环境的稳定,由基因控制的细胞程序性死亡的一种形式,可以清除多余、衰老和损伤的细胞,它涉及一系列基因的激活、表达及调控(Thompson,1995)。肿瘤的发生和发展与细胞增殖的失控和细胞凋亡的失衡有关。随着人们健康意识的不断增强,使用天然植物多酚对肿瘤细胞的凋亡进行干预成为国内外治疗肿瘤的热点。我们的研究结果表明红肉苹果多酚提取物 AFP 和 APP 对人体乳腺癌细胞 MDA-MB-231 都具有良好的抑制作用。因此,有必要对红肉苹果多酚提取物的抗癌活性和抗癌机理做进一步的研究。本节采用流式细胞术分析 AFP 和 APP 对 MDA-MB-231 细胞的凋亡作用,并通过 DCFH-DA 和 Western blot 技术探究凋亡机制。

### 4.3.5.1 流式细胞术分析细胞凋亡

CCK8 研究结果表明,红肉苹果多酚提取物 AFP 和 APP 可以抑制 MDA-MB-231 细胞的生长,但是具体的抑制机制仍不明确。为了确定红肉苹果多酚能否通过诱导细胞凋亡引起 MDA-MB-231 细胞的死亡。用 Annexin V/PI 双染技术对不同浓度 AFP 和 APP 处理的细胞凋亡特征进行了分析,结果如图 4.4 所示(彩图见书后插页)。四个象限呈现不同的情况,Q1 代表操作所造成的允许误差,Q2 为晚期凋亡或已经坏死的细胞,Q3 代表正常的细胞,Q4 代表早期凋亡的细胞。与对照组相比,500 μg/mL 和 1000 μg/mL 的 AFP 造成 MDA-MB-231 细胞凋亡率分别提高至 23.83%和 38.56%,而 500 μg/mL 和 1000 μg/mL APP 则使 MDA-MB-231 细胞凋亡率显著提高至 29.57%和 47.43%。此外,500 μg/mL 和 1000 μg/mL 的 AFP 可以诱导细胞 13.28%和 21.50%的晚期凋亡或坏死,500 μg/mL 和 1000 μg/mLAPP 诱导细胞凋亡的比例分别为 14.28%和24.11%,而对照组为 2.12%。所有结果表明,红肉苹果多酚 AFP 和 APP 均能诱导细胞凋亡,且 APP 对 MDA-MB-231 细胞凋亡的诱导能力较 AFP 强。

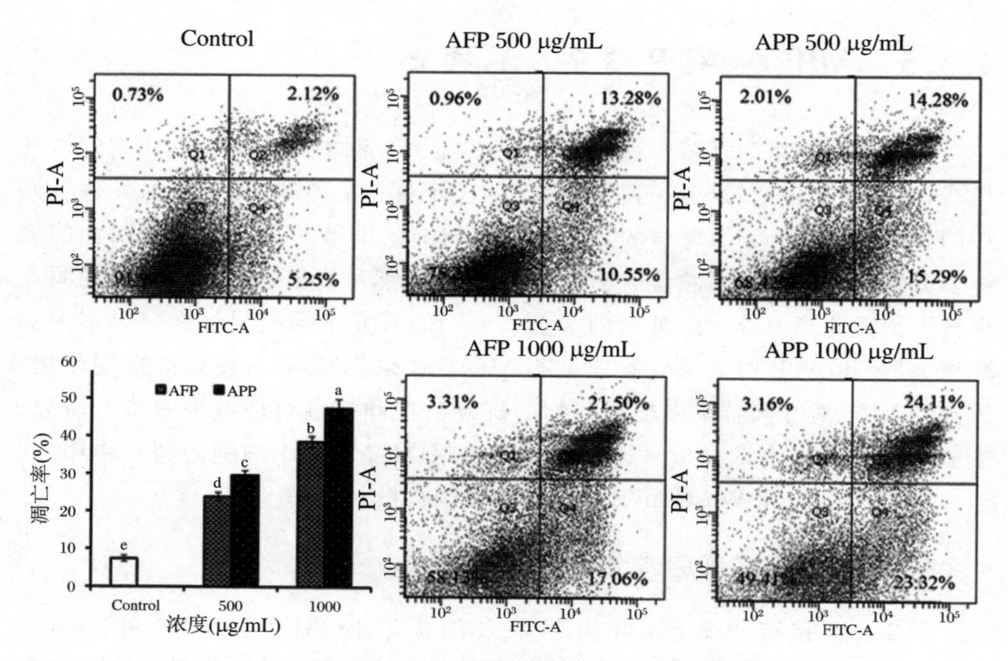


**图 4.4 AFP 和 APP 对 MDA-MB-231 细胞的凋亡影响**

细胞被 AFP 和 APP 以 0,500 μg/mL,1000 μg/mL 处理 48 h(Annexin V/PI 双染散点图;凋亡细胞占细胞总数的百分比)。所有的数值表示为平均值 ± 标准差,来自三个独立生物学实验,柱状图上不同的字母代表显著性差异($p<0.05$)

### 4.3.5.2 流式细胞术分析细胞 ROS 的生成

活性氧(ROS)在细胞生长和凋亡的过程中发挥着重要的作用,高浓度的活性氧具有细胞毒性诱导细胞凋亡而低浓度的活性氧则是细胞生长所必不可少的(Liu et al,2017)。先前研究表明,细胞在凋亡的过程中会有大量的活性氧生成,活性氧可以影响细胞线粒体的功能和核酸的损伤,从而导致半胱天冬酶和凋亡核酸酶的激活诱导凋亡途径(Muratori et al,2015; Li et al,2013)。为了探究红肉苹果多酚是否通过提高细胞内的 ROS 水平来诱导细胞凋亡。我们采用流式细胞术检测了 MDA-MB-231 细胞经 AFP 和 APP 处理后 ROS 的生成情况,结果如图 4.5 所示(彩图见书后插页)。与对照组相比,MDA-MB-231 细胞经过 500 μg/mL 和 1000 μg/mL 的 APP 处理后产生活性氧的比例分别为 17.87%和35.77%,高于相同浓度的 AFP 处理的结果(分别为 7.83%和 27.27%)。结果表明,红肉苹果多酚可以通过改变 MDA-MB-231 细胞中 ROS 的水平来诱导 MOMP (mitochondrial outer membrane permeabilization)的表达,且具有浓度依赖性,揭示 AFP 和 APP 可以通过线粒体途径诱导细胞凋亡,

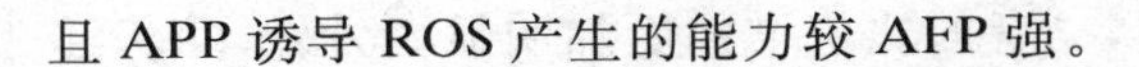
且 APP 诱导 ROS 产生的能力较 AFP 强。

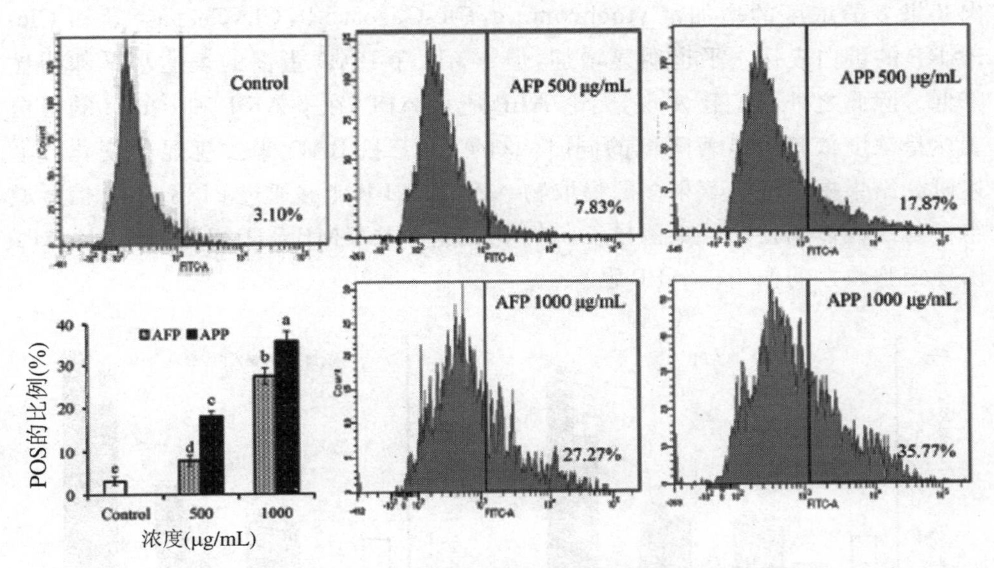


**图 4.5　AFP 和 APP 暴露对 MDA-MB-231 细胞内 ROS 生成的影响(流式直方图和各处理中 ROS 的百分比)**

数据表示为平均值±标准差,来自三个独立生物学实验,柱状图上不同的字母代表显著性差异($p<0.05$)

#### 4.3.5.3　AFP 和 APP 对 caspase-3/9 酶活的影响

caspase-9/3 被认为在细胞凋亡的过程中发挥着重要的作用,caspase-3 是 caspase-9 在细胞凋亡过程中激活的下游因子(Son et al,2010)。为了阐明 AFP 和 APP 能否通过增强 MDA-MB-231 细胞 caspase 9/3 酶的活性来启动细胞凋亡,用相应的试剂盒对 caspase-3 和 caspase-9 酶活性进行了检测,结果如图 4.6 所示。与对照组相比,AFP 和 APP 均能显著增强细胞 caspase-9/3 的酶活性,且有良好的剂量依赖性,同时 caspase-9 活性和 caspase-3 活性成正相关,与前人的研究结果一致(Li et al,2013; Chen et al,2017)。这些研究结果表明,红肉苹果多酚 AFP 和 APP 均能通过增强 MDA-MB-231 细胞 caspase-9/3 的活力来诱导细胞凋亡,且 APP 激活 caspase-9/3 活力的能力较 AFP 强。

#### 4.3.5.4　western blot

为了进一步研究红肉苹果多酚诱导细胞凋亡的途径,我们用 western blot 技术对红肉苹果多酚处理后 MDA-MB-231 细胞凋亡通路的相关蛋白的表达进行了检测,结果如图 4.7 所示。经过 AFP 和 APP 处理后,与对照组相比,显著上调了 Bax 蛋白的表达,降低了 Bcl-2 蛋白的表达,同时显著增加了 Bax/Bcl-2

的值。并且随着提取物浓度的增加，二者的比值增加更加明显。另外，随着红肉苹果多酚浓度的增加，Cytochrome c，Cle-Caspase 9，Cle-Caspase 3 和 Cle-PARP 的蛋白表达水平也明显增加，但 p-Akt，p-BAD 蛋白的表达水平却明显降低。除此之外我们还发现，无论 AFP 还是 APP，在 p-AKT 和 p-Bad 的蛋白表达呈浓度依赖的显著降低的同时，总的 AKT 和 BAD 未发生显著变化。上述研究结果揭示红肉苹果多酚提取物 APP 和 AFP 能够通过 PI3K/Akt 信号通路参与线粒体凋亡途径来诱导三阴性乳腺癌 MDA-MB-231 细胞凋亡，且 APP 诱导细胞凋亡的作用较 AFP 强。

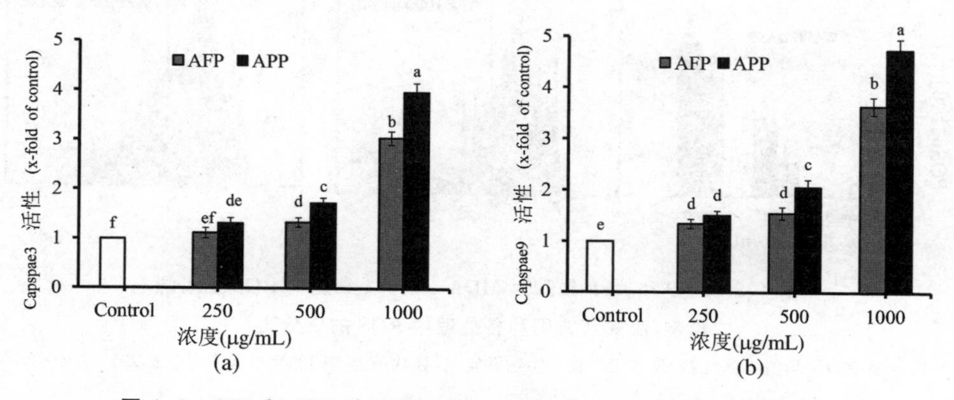


**图 4.6　AFP 和 APP 对 MDA-MB-231 细胞 caspase3/9 酶活性的影响**

定量分析 caspase 3 活性(a)和 caspase 9 活性(b)。所有的数值为平均值 ± 标准差，来自三个独立生物学实验，柱状图上不同的字母代表显著性差异($p<0.05$)

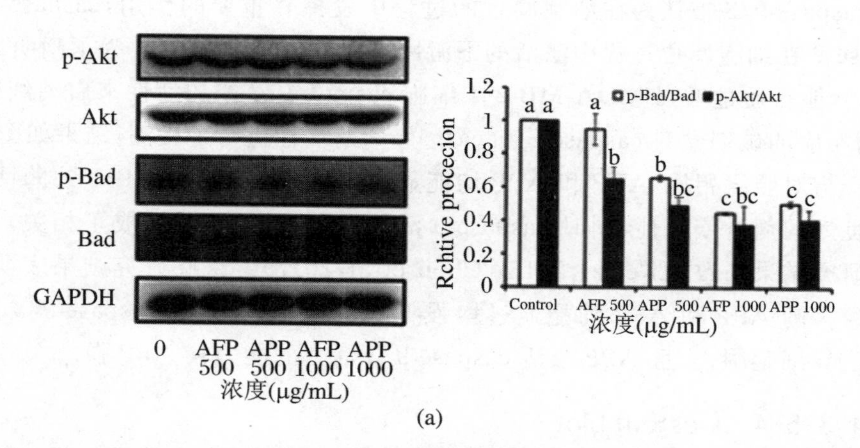


**图4.7　AFP 和 APP 对 MDA-MB-231 细胞凋亡相关蛋白 p-Akt，Akt，p-Bad，Bad(a)；Bcl-2，Bax，Cytochrome c(b)，Cle-caspase9，Cle-caspase3，Cle-PRAP(c)表达的影响**

图像是三个独立实验的代表，数据是三个独立实验的平均值 ± 标准差，柱状图上不同的字母代表显著性差异($p<0.05$)

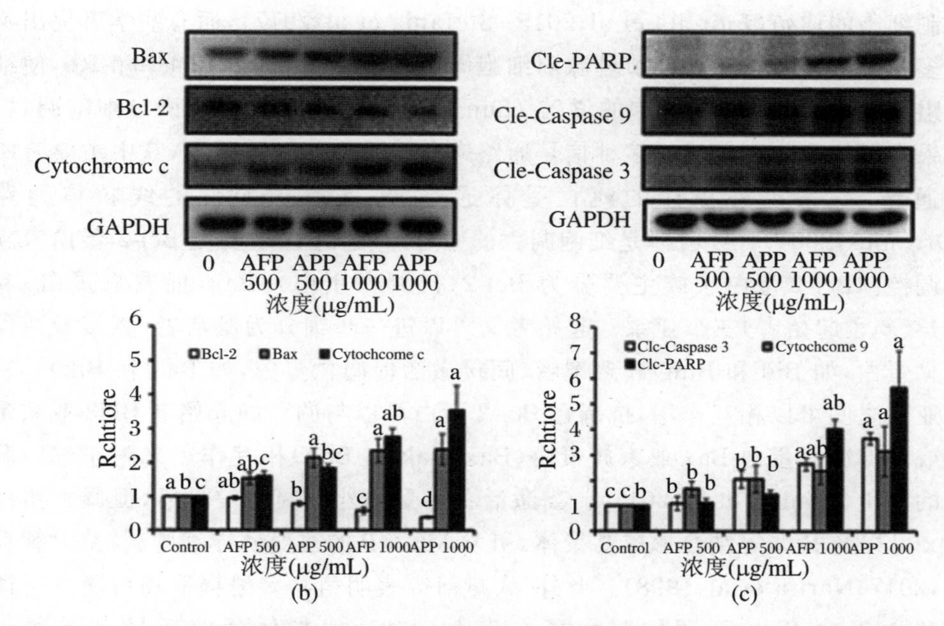


**续图 4.7 AFP 和 APP 对 MDA-MB-231 细胞凋亡相关蛋白 p-Akt, Akt, p-Bad, Bad(a); Bcl-2, Bax, Cytochrome c(b), Cle-caspase9, Cle-caspase3, Cle-PRAP(c)表达的影响**

图像是三个独立实验的代表，数据是三个独立实验的平均值±标准差，柱状图上不同的字母代表显著性差异（$p<0.05$）

# 4.4 APP 和 AFP 抑制 MDA-MB-231 细胞增殖的分析

乳腺癌被认为是一种严重的女性恶性肿瘤，在世界范围内发病率很高(Siegel et al, 2016)。食用功能性食品、新鲜水果和蔬菜是降低各种癌症发病率和提高患者生活质量的有效途径(Joshipura and Kaumudi, 2001)。据报道，苹果多酚具有抗癌细胞增殖的能力，研究者们发现苹果多酚提取物对人肝癌细胞 HepG2、前列腺癌细胞、结肠癌细胞 HT-29、CaCO-2 细胞、宫颈癌 Hela 细胞和人乳腺癌细胞等具有不同程度的抗增殖作用，并且具有浓度和时间依赖性。其内在的分子机制可能为：(1) 抑制癌细胞的生长。苹果多酚通过调节癌细胞的生长周期抑制细胞生长。例如，苹果多酚提取物通过调节细胞周期抑制蛋白 p53, p21 和细胞周期因子 CylinD1，使乳腺癌细胞 MCF-7 阻滞在 G2 期，从而抑制细胞的增殖(Fiorella et al,2015; Stefania et al,2017),而有些学者提出苹果多酚提取物可以通过调节乳腺癌细胞周期因子CylinD1,Cdk4和p-Rb,使细胞阻滞在G1期来抑制细胞的增殖(Sun and Liu,2008)。(2)诱导细胞凋亡。苹果多酚提取物可以通过多种信号通路来实现诱导癌细胞凋亡,其中主要有两条通路,一条是外源性的死亡受体通路,一条是内源性的线粒体通路(Orrenius,2004)。线粒体是细胞凋亡的中心,其通透性主要受Bcl-2蛋白家族的调控。Bcl-2蛋白家族主要分为Bcl-2(抗凋亡蛋白),Bax(促凋亡蛋白)和BH3(凋亡起始者)三个亚系。起始者又可以进一步细分为激活者(直接激活促凋亡蛋白,如Bid和Bim)和致敏者(间接激活促凋亡蛋白,如Bad和Bik)。三个亚系之间可以相互作用,抗凋亡Bcl-2蛋白可以与凋亡的起始者BH3亚系蛋白或者促凋亡蛋白Bax亚家族蛋白(Bax,Bak和Bok)相互作用来阻止细胞凋亡的发生(Llambi et al,2011)。当激活者接受到外源凋亡信号后,促凋亡蛋白Bax可以与Bak等结合形成寡聚体,引发MOMP的改变诱导细胞凋亡(尹智勇等,2017;Narita et al,1998)。此外,大量研究表明植物多酚提取物可通过上调促凋亡蛋白Bax,下调抗凋亡蛋白Bcl-2,启动线粒体通路诱导细胞凋亡(Fiorella et al,2015; Stefania et al,2017 )。而对凋亡的起始者BH3蛋白的研究甚少,其磷酸化状态决定了细胞的生存与凋亡,例如,有研究表明MCF-7细胞Bad磷酸化位点被特异性抑制剂抑制后,可显著抑制细胞的增殖(Pandey et al,2018)。然而,许多研究集中在果皮而不是果肉上。事实上,红肉苹果果肉中还含有大量多酚和类黄酮,其生物活性成分与果皮不同(Wang et al,2018; Wang et al,2015)。根据我们的研究结果,APP的主要成分是原花青素$B_2$、矢车菊素-3-半乳糖苷、根皮苷、表儿茶素、槲皮素糖苷、儿茶素和原花青素$B_1$,而AFP的主要成分是表儿茶素、儿茶素、花青素-3-半乳糖苷、绿原酸、原花青素$B_2$。这种抗增殖作用的差异很可能与APP和AFP中发现的多酚成分的独特结构类别有关。以往的研究表明,植物酚类化合物如槲皮素、槲皮素-3-o-β-d-吡喃糖苷、根皮素、原花青素$B_2$和绿原酸对人体癌细胞具有良好的抑制作用(He and Liu,2008;Avelar and Cibele,2013;Kasai et al,2000)。在本研究中,我们首次比较了红肉苹果APP和AFP对人乳腺癌MDA-MB-231细胞的抑癌作用及其机制,并证明APP的抑癌作用强于AFP,其抑制癌细胞增长的作用与细胞活力降低、ROS水平升高,以及对乳腺癌MDA-MB-231细胞周期和细胞凋亡的控制有关。

细胞周期和细胞凋亡调控是APP和AFP抑制人乳腺癌MDA-MB-231细胞生长的两个重要方面。根据我们对细胞周期研究的结果,用APP或AFP处理的MDA-MB-231细胞大部分保留在G1期,APP在G1期比AFP造成了更大程度的细胞阻滞。这些结果与 Sun 和 Liu(2008)的结果一致,但与 Stefania 等(2017)的结果不同。前者提出苹果多酚提取物通过诱导 G1 期阻滞抑制乳腺癌细胞的生长和增殖,而后者则认为这种抑制是通过诱导 G2/M 期阻滞介导的。此外,细胞周期调控是一个涉及多种调控因子的复杂过程。其中,p53 及其类似物是多酚类物质的关键靶点,它们通过调节下游靶基因 p21 和 PCNA 诱导人和动物模型的细胞周期停滞和凋亡(Etienne-Selloum et al,2013)。p21 是细胞周期蛋白依赖激酶(CDK)的抑制剂,与细胞增殖成负相关。PCNA 作为核增殖抗原,是细胞增殖的标志物。细胞周期蛋白 D 可以与 CDK4/6 结合,然后磷酸化 Rb 蛋白以激活转录因子 E2F 的功能并调节 G1 期以影响细胞周期(Malumbres and Barbacid,2009)。最近的研究表明,酚类化合物如白藜芦醇、表没食子儿茶素和 2α-羟基熊果酸上调了 p53 和 p21,下调了细胞周期蛋白 D1 的表达,并在 G1 或 G2 诱导细胞周期停滞(Rashid et al,2011;Min et al,2012;Jiang et al,2016),这与我们的研究结果一致。因此,我们得出结论:红肉苹果酚提取物 AFP 和 APP 均可以通过上调 p-p53 和 p21 的表达和下调细胞周期蛋白 D1 和 PCNA 的表达,抑制人乳腺癌 MDA-MB-231 细胞的增殖。

PI3K/Akt 信号通路在调节细胞增殖、生长和凋亡中起重要作用。如果失衡,可能导致癌症(Zhang et al,2007;Vivanco and Sawyers,2002)。活化的 Akt 可以促进细胞增殖和生长,但在不同的环境下,它可能导致细胞生长停滞(Vega,2006)。此外,Ogawara 等(2002)报道,PI3K/Akt 途径通过 ser 186 磷酸化增强 Mdm2 的泛素促进功能,从而导致 p53 蛋白的减少。作为酚类化合物的关键靶点,p53 通过调节其下游靶蛋白 Bcl-2 的表达促进细胞凋亡(Etienne-Selloum et al,2013)。为了确定 AFP 和 APP 是否通过调节 PI3K/Akt 途径影响细胞生长和凋亡,我们检测了用 AFP 或 APP 处理 24 h 的 MDA-MB-231 细胞中的总 Akt 和活化 Akt 水平。与对照组相比,AFP 和 APP 处理均使细胞 p-Akt 蛋白水平呈剂量依赖性降低。由于 Akt 的激活被显著抑制,但总 Akt 没有显著变化,p53 的激活被显著促进,我们认为 p-Akt 的失活导致 p-p53 的增加,从而导致 G0/G1 生长停滞。此外,我们发现 p-Bad 水平显著降低,这可能是 Akt 磷酸化失活的结果,从而使其与 Bcl-2 家族蛋白结合促进癌细胞凋亡(Sastry et al,2014;Datta,1997;Yang et al,1995)。与本研究一致,绿茶酚类化合物如表没食子儿茶素(EGCG)可使 p-Akt 失活,抑制不良磷酸化,下调 Bcl-2 的表达,诱导膀胱癌细胞凋亡(Chen et al,2011)。这些结果有助于阐明红肉苹果不同部位多酚提取物的抗癌机理。

细胞凋亡是一种由基因控制的程序性细胞死亡,目的是维持细胞内环境的稳定。它能去除多余、衰老和受损的细胞,涉及基因的激活、表达和调节等一系列过程(Thompson,1995)。在我们的研究中,APP或AFP对MDA-MB-231细胞的凋亡作用也通过annexin V/PI双染法观察到,且呈现浓度依赖性,但APP引起的凋亡作用早期和晚期均高于AFP。这一结果与先前的研究一致,即膳食多酚及其提取物通过诱导细胞凋亡防止癌细胞不受控制的增殖(Bartek et al,2004)。我们的研究中,与对照组相比,APP和AFP处理组细胞内ROS含量明显增加。而有报道称ROS在细胞凋亡过程中产生,可影响线粒体功能并诱导核酸损伤,从而激活凋亡途径(Muratori et al,2015;Li et al,2013)。此外,在我们的研究中,我们清楚地发现APP和AFP都显著增强了caspase-3/9的活性,而caspase-9/3被认为在线粒体凋亡途径中起着重要作用(Son et al,2010)。有趣的是,我们还发现AFP和APP可以通过下调Bcl-2蛋白的表达和上调Bax蛋白的表达,增加Bax/Bcl-2的值来促进细胞色素C的释放,激活Cle-caspase 9并诱导Cle-caspase 3和Cle-PARP蛋白的表达,最后诱导MDA-MB-231细胞凋亡(图4.8)。一些研究也证明,植物酚类化合物如2α-羟基熊果酸和四柱头血红素通过下调Bcl-2的蛋白表达和上调Bax蛋白的表达诱导Cle-Caspase 3的释放来促进癌细胞凋亡(Jiang et al,2016;Sun et al,2018)。因此推测,在红肉苹果多酚抑制癌细胞增长的过程中,AKT途径参与诱导细胞凋亡(显著上调ROS水平和Bax的表达,下调p-AKT、p-BAD、Bcl-2的表达,促进细胞色素C释放,激活Cle-caspase 9,诱导Cle-caspase 3和Cle-PARP的表达),对癌细胞实现了明显的抑制作用。同时也诱导了G0/G1细胞周期阻滞(p-p53和p21蛋白表达明显增加,PCNA和Cyclin D1蛋白表达明显减少)。这些结果表明,红肉苹果多酚提取物,AFP和APP均可以通过线粒体途径诱导三阴性乳腺癌MDA-MB-231细胞凋亡。因此,苹果果皮和果肉均是红肉苹果的活性部位,可以作为酚类生物活性物质的提取原料,这对红肉苹果资源的开发利用以及苹果产业的可持续发展意义重大。

## 本章小结

红肉苹果多酚提取物AFP和APP均以时间和浓度依赖的方式抑制乳腺癌MCF-7和MDA-MB-231细胞凋亡,且对MDA-MB-231细胞抑制效果较好。AFP和APP均可以较好地通过诱导细胞周期阻滞和细胞凋亡来抑制癌细胞的增长,且APP抑制效果较AFP好,其机制可能与线粒体介导的凋亡途径有关。同时,p-Akt似乎参与了AFP或APP诱导的G1期阻滞和细胞凋亡。这些结果表明,AFP和APP对人乳腺癌MDA-MB-231细胞增殖的抑制机制相似,APP的抗癌活性比AFP强,这可能是因为APP比AFP含有更多的活性物质,或者是因为 APP 的生物利用度更高。因此，AFP 和 APP 均可以作为抑制人乳腺癌 MDA-MB-231 细胞增殖的活性物质，提示果肉和果皮都是红肉苹果的活性部位，均可作为活性酚类物质提取的原料。

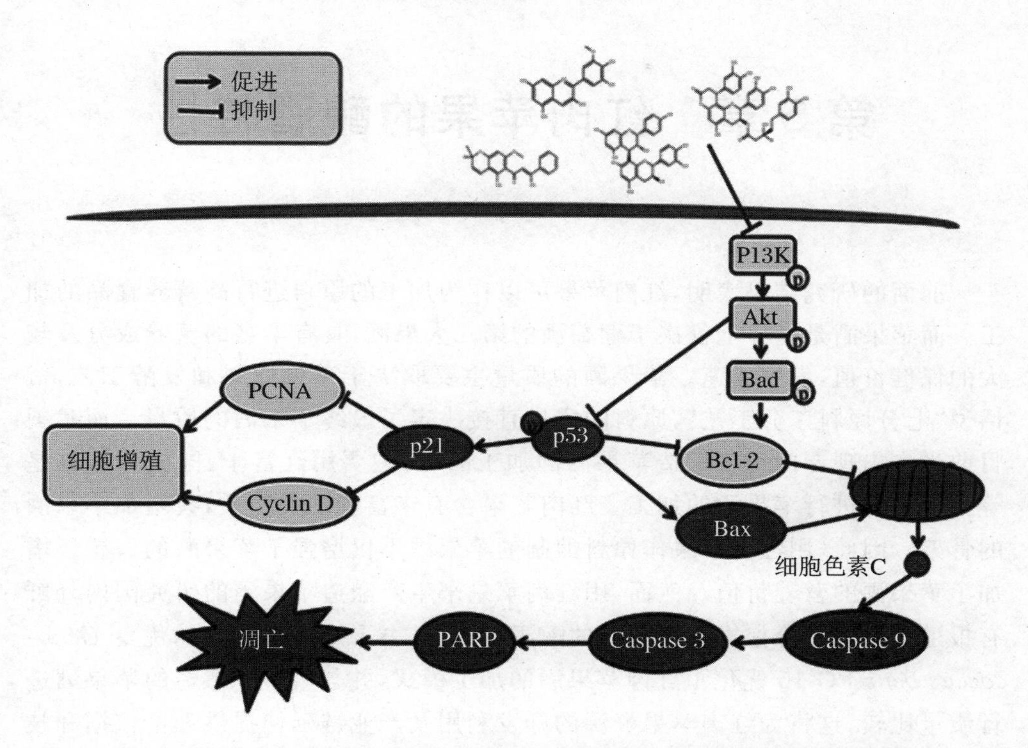


图 4.8　AFP 和 APP 诱导 MDA-MB-231 细胞凋亡和 G1 细胞周期阻滞的模型

# 第5章　红肉苹果的酿酒特性

前面的研究结果表明，红肉苹果可以作为加工的原料进行高营养食品的加工。而苹果酒是世界上仅次于葡萄酒的第二大果酒，具有丰富的营养成分及较大的保健价值，发展迅速。苹果酒的质量主要取决于苹果原料和发酵工艺，俗话说“七分原料三分工艺”，原料的质量直接决定了最终苹果酒的质量。而我国目前尚未出现专门用于酿造苹果酒的加工品种，主要用红富士、国光和新红星等鲜食品种进行苹果酒的加工。红肉苹果含有丰富的酚类物质，会增加苹果酒的骨架。因此，用红肉苹果作原料酿制的苹果酒不仅增强了苹果酒的口感还增加了苹果酒的营养价值。然而，用红肉苹果来生产酿造苹果酒的研究国内外鲜有报道。为了充分挖掘红肉苹果的酿酒特性，本书采用本土筛选的优良 *Oenococcus oeni* PG-16 优化了红肉苹果酒的加工模式，并与“富士”酿造的苹果酒进行质量比较，这将为红肉苹果资源的开发利用及产业链延伸提供理论依据和技术支持。

## 5.1　试验材料

### 5.1.1　苹果材料

本研究所用的新疆红肉苹果 F2 杂交群体生长于山东农业大学冠县果树育种基地（36° 29′N 115° 27′E），采取相同的农业管理模式，并于商业成熟期进行采摘，采摘日期根据淀粉指数（7 级左右）来确定。采摘后的苹果用蒸馏水清洗，手动取出果核后将果肉和果皮分离出来，分别置于液氮中磨成细粉。将粉末储存在－80 ℃下直至进行分析。对于每个品种，做三个重复实验(每个样品品使用来自三棵果树的10个均匀果实)。

### 5.1.2　微生物材料

商业酿酒酵母 (Excellence XR)和商业酒类酒球菌(*O. oeni*.1)均以活性干粉的形式从法国 Lamothe Abiet 公司购买。本土 *O. oeni* PG-16 从酒精发酵结束的红肉苹果酒中筛选得到，保存在30%甘油中于－20 ℃直至使用。

## 5.2　评估方法

### 5.2.1　微生物的活化

#### 5.2.1.1　商用微生物的活化

商用的酿酒酵母 Excellence XR (Lamothe Abiet; Canéjan, France)和 *O. oeni*-1菌株(Lamothe Abiet; Canéjan, 法国)的活化参照生产制造商提供的使用说明进行并稍做修改，具体步骤如下：

(1) 配制5%的蔗糖(食品级)溶液。

(2) 称取适量的菌株活性干粉(Excellence XR 或 *O. oeni*-1)加入含有5%蔗糖溶液的三角瓶中。

(3) 37 ℃下水浴活化约30 min，过程中稍做搅拌。

#### 5.2.1.2　本土酒酒球菌 *O. oeni* PG-16 的活化

(1) 配制选择生长培养基：MRS(pH＝4.8)肉汤培养基中添加2%番茄汁，0.05 g/L 制霉菌素(Acofarma; Terrassa, Spain)。

(2) *O. oeni* PG-16 接种到含有选择培养基的三角瓶中进行扩大培养。

(3) 培养条件：28 ℃下厌氧培养约72 h。

(4) 扩大培养后的菌液以10000 r/min 离心10 min，用无菌的0.9% NaCl 清洗两遍，并在使用前用0.9% NaCl 重新悬浮。

## 5.2.2 微生物的计数

### 5.2.2.1 酵母菌的计数

酿酒酵母的计数参照 Trinh 等(2011)中描述的方法进行并稍做修改，具体操作步骤如下：

(1) 配制生长培养基：按照生产制造商提供的说明书称取适量的马铃薯葡萄糖琼脂(PDA)配制 PDA 培养基，并于 120 ℃ 灭菌 20 min，待温度降至 50～60 ℃时倒入无菌培养皿中待其凝固。

(2) 用无菌的 0.9% NaCl 按照梯度稀释法连续稀释样品。

(3) 取 0.1 mL 的样品均匀涂布在 PDA 培养平板上。

(4) 涂有样品的 PDA 培养平板放在培养箱中于 28 ℃ 培养约 48 h。

(5) 形成可见菌落后，对酿酒酵母菌株进行计数。

### 5.2.2.2 酒酒球菌的计数

酒酒球菌的计数参照 Pozo-Bayén 等(2005)中描述的方法进行并稍做修改，具体操作步骤如下：

(1) 配制生长培养基：按照生产制造商提供的说明书配制 MRS 琼脂培养基，并于 120 ℃ 灭菌 20 min，待温度降至 50～60 ℃ 时倒入无菌培养皿中待其凝固。

(2) 用无菌的 0.9% NaCl 按照梯度稀释法连续稀释样品。

(3) 取 0.1 mL 的样品均匀涂布在 MRS 培养平板上。

(4) 涂有样品的 MRS 培养平板放在培养箱中于 28 ℃ 下厌氧培养 5～7 d。

(5) 形成可见菌落后，对酒酒球菌菌株进行计数。

## 5.2.3 苹果酒的酿造

(1) 挑选无瑕疵的红肉苹果，用自来水洗净，沥干。

(2) 手动去核后用破壁机(MJ-BL1214A，Midea，中国)制备成红肉苹果汁。

(3) 向苹果汁中加入 50 mg/L$SO_2$，在 5 ℃ 以下静止低温浸渍 24 h。

(4) 按照每 1.5 L 果汁分配到 2 L 玻璃瓶中进行发酵(苹果酒样品)或冷冻(果汁样品)。

(5) 设置了五种不同的发酵模式，即对照组(仅接种酵母)、共发酵 MLF 组

(SIM,酵母接种24 h后接种*O. oeni*)和顺序MLF组(SEQ,在酵母接种和AF完成后第8天接种*O. oeni*(Capozzi et al,2011)。

(6) 接种量:酿酒酵母($10^7$ CFU/mL),*O. oeni*($10^7$ CFU/mL),发酵温度为18～20 ℃。

(7) AF开始后,添加蔗糖(食品级)使最终苹果酒中酒精含量调整到11%。

(8) 分别在第0,2,5,8,12,16,21和26天收集样品,并保存于－20 ℃直到分析。

### 5.2.4　苹果酒基本理化指标分析

苹果酒中总可溶性固形物(°Brix,手持糖量计)、酒精含量(%,v/v;密度瓶法)和pH值(pH计)的测定方法参照标准化方法(OIV,2005)进行。

### 5.2.5　苹果酒糖组分和酸组分分析

苹果酒中糖组分和酸组分的测定参照Lee等(2013)描述的高效液相色谱法(HPLC)进行,具体操作步骤如下:

(1) 取适当稀释的苹果酒样通过0.22 μm过膜。

(2) HPLC条件:以乙腈和水(80∶20,v/v)为流动相,流速为1.4 mL/min,用碳水化合物柱(150 mm×∅4.6;Agilent,Santa Clara,CA,USA)测定糖组分,用蒸发光散射检测器检测。用supelcogel C-610H柱(300 mm×∅7.8,supelco;sigma-Aldrich,Spain)以0.1%(v/v)硫酸为流动相,流速为0.4 mL/min,在210 nm处用光电二极管阵列检测。

(3) 用果糖、葡萄糖、蔗糖、苹果酸、乳酸、柠檬酸、酒石酸、草酸、乙酸和琥珀酸的外部标准品对样品的糖组分和酸组分进行定性定量分析。

### 5.2.6　酒样香气成分的萃取

苹果酒样品的固相微萃取(SPME)参照陶永胜等(2007)中的描述进行,并稍做修改,具体操作步骤如下:

(1) 将样品(8 mL)放入含2 g NaCl和10 μL内标物(IS;814 mg/L 2-辛醇)的15 mL顶空小瓶中。

(2) 将萃取头(50/30 mmDVB/CAR/PDMS, Supelco; Bellefonte, PA, USA)插入顶空小瓶中,手柄型号为57330-U。

(3) 萃取条件:40 ℃下萃取 50 min。

### 5.2.7 气相色谱-质谱(GC-MS)分析

GC-MS 分析是用岛津 GC/MS-QP2010 分光光度计在 DB 蜡柱(60 m×0.25 mm×0.25 μm;J&W Scientific)上使进行。

(1) 将萃取好样品的萃取头插进进样口,解析 5 min。

(2) 采用无分流进样法对样品进行分析。将炉温保持在 30 ℃下 2 min,然后依次以 6 ℃/min 的速率升高到 130 ℃,以 4 ℃/min 的速率升高到 230 ℃,最后在 230 ℃下保持 8 min。火焰离子化检测器(FID)温度设置为 250 ℃,分光光度计在 70 eV 下以电子碰撞(EI)模式运行,并在 30～400 amu 下扫描。

(3) 通过与 NIST 14 和 NIST 14s 数据库(岛津)比较保留时间和质谱对化合物进行鉴定。

(4) 以 2-辛醇为内标,用外标物溶于模拟苹果酒(11%v/v 乙醇-水溶液,用苹果酸调节至 pH=3.4)中,通过绘制目标化合物的标准曲线对挥发性化合物进行定量。缺乏外部标准的化合物使用与实验化合物的化学结构和碳原子数最相似的标准进行量化(Tao et al,2008;Perestrelo et al,2006)。

(5) 气味活性值(OAV)参照 Li 等(2008b)描述的公式计算:

OAV=挥发性物质的浓度/气味阈值

### 5.2.8 感官分析

苹果酒的感官评定参照 Sun 等(2016)描述的方法进行,并稍做修改,具体操作步骤如下:

(1) 由 11 名品酒师(6 名女性和 5 名男性,年龄 24～45 岁)组成。

(2) 感官试验在 18 ℃的温度下,光线柔和、无异味的标准品酒室进行。

(3) 用标准品酒杯将每个样品的 30 mL 一式两份端上。

(4) 在分析之前,玻璃杯上覆盖着一块玻璃片。

(5) 定量描述分析(QDA):小组成员根据 7 种气味类别(花香、果香、甜味、生青/酸味、溶剂味、脂肪味和整体)描述苹果酒的香气,并用五点法评估香气强度:1=非常弱(very weak),2=弱(weak),3=中等(medium),4=强烈(intense),5=非常强烈(very intense)。

(6) 感官评定:参照 GB/T 15038—2006 中描述的方法,采用百分制对苹果酒的外观(20 分)、香气(30 分),口感(40 分)、典型性(10 分)进行感官评定,四项得分之和即为苹果酒的最终得分。

注：步骤(5)或(6)二选一进行。

## 5.2.9　苹果酒酚类物质的提取

苹果酒中酚类化合物的提取参照 Li 等(2006)中描述的方法进行，稍做修改，具体操作步骤如下：

(1) 20 mL 苹果酒与 20 mL 乙酸乙酯混合，室温下于摇床上避光提取 30 min，收集有机相。

(2) 重复步骤(1)两次。

(3) 用 1 mol/L NaOH 使步骤(2)提取后的酒样 pH 值调至 7.0。

(4) 重复步骤(1)和步骤(2)。

(5) 合并所有收集的有机相，37 ℃温度下旋转蒸发至干燥，并用 4 mL 色谱甲醇溶解保存于 −20 ℃备用。

## 5.2.10　酚类物质含量的测定

### 5.2.10.1　总酚的测定

苹果酒中总酚含量的测定参照 2.2.2.1 中描述的方法进行，样品为适当稀释酒样。

### 5.2.10.2　类黄酮的测定

苹果酒中类黄酮含量的测定参照 2.2.2.2 中描述的方法进行，样品为适当稀释酒样。

### 5.2.10.3　总花青苷含量的测定

苹果酒中总花青苷含量的测定参照 2.2.2.4 中描述的方法进行，样品为适当稀释酒样。

## 5.2.11 单体酚含量分析

### 5.2.11.1 类黄酮的 UPLC-MS/MS 分析

苹果酒中类黄酮组分含量的测定参照 2.2.3 中描述的方法进行。

### 5.2.11.2 酚酸的 HPLC 分析

苹果酒中酚酸含量的测定参照 3.2.4.2 中描述的方法进行。

## 5.2.12 抗氧化能力分析

### 5.2.12.1 DPPH 法

苹果酒 DPPH 自由基清除活性的测定参照 2.2.4.1 中描述的方法进行，样品为适当稀释酒样。

### 5.2.12.2 ABTS 法

苹果酒 ABTS 自由基清除能力的测定参照 2.2.4.2 中描述的方法进行，样品为适当稀释酒样。

### 5.2.12.3 FRAP 法

苹果酒 $Fe^{3+}$ 还原能力(FRAP)的测定参照 2.2.4.3 中描述的方法进行，样品为适当稀释酒样。

## 5.2.13 数据分析

数据分析参照 2.2.7 节描述的方法进行。

# 5.3 红肉苹果的酿酒特性研究

## 5.3.1 不同发酵对红肉苹果酒营养品质的影响

### 5.3.1.1 微生物种群及白利度(°Brix)和 pH 值的变化

酿酒酵母和 *O. oeni* 菌株的变化如图 5.1 所示。在所有的发酵实验中，酿酒酵母在第 2 天达到最大数量($8.3\times10^8$ CFU/mL)。第 2 天以后，所有发酵过程中的酵母细胞数量都开始减少。这种下降在共接种 *O. oeni* 的发酵液中最为明显，到发酵第 5 天，在 SIM/1 和 SIM/PG-16 中酿酒酵母的数量分别下降到 $5.4\times10^8$ CFU/mL 和 $3.9\times10^8$ CFU/mL(图 5.1(b))。

从 MLF 开始，*O. oeni* 细胞的数量便逐渐增加，在 SEQ、SIM/1 和 SIM/PG-16 中分别达到约 $8\times10^7$ CFU/mL、约 $6\times10^7$ CFU/mL 和约 $9\times10^7$ CFU/mL，然后保持静止[图 5.1(b)、图 5.1(c)]。到发酵结束时(第 26 天)，SIM 苹果酒中的 *O. oeni* 的数量与 SEQ 苹果酒中 *O. oeni* 的数量相似，我们发现的这一结果与 Tristezza 等(2016)的研究结果一致。

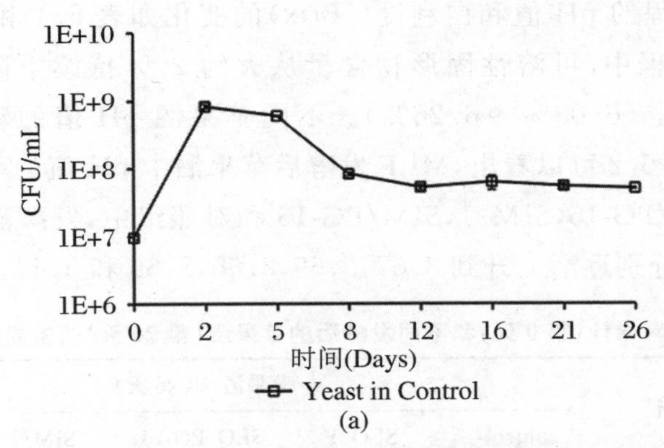


图 5.1 红肉苹果酒发酵过程中微生物种群的演变

对照(a)、苹果酸-乳酸同步发酵(b)和苹果酸-乳酸顺序发酵(c)

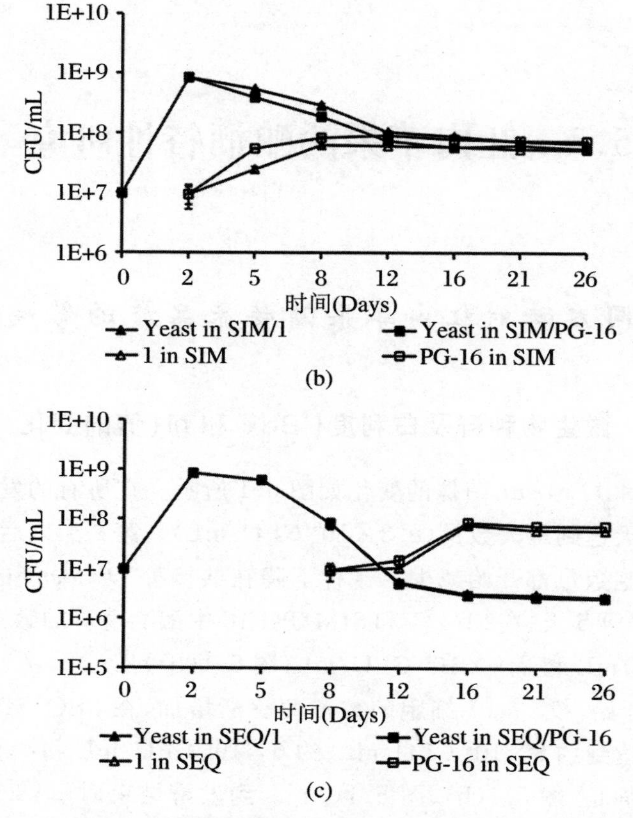


**续图 5.1　红肉苹果酒发酵过程中微生物种群的演变**

对照(a)、苹果酸-乳酸同步发酵(b)和苹果酸-乳酸顺序发酵(c)

不同发酵过程的 pH 值和白利度(°Brix)的变化如表 5.1 和图 5.2 所示。在所有的发酵过程中,可溶性固形物含量从大约 20% 持续下降到第 8 天的 6%,此后保持稳定(6.03%～6.26%)。不同苹果酒 pH 值的动态变化如图 5.2(b)所示,由图 5.2 可以看出,MLF 发酵后苹果酒中 pH 值的范围在 3.44～3.9,SEQ/1,SEQ/PG-16,SIM/1,SIM/PG-16 和对照组中,发酵液的 pH 值(初始 pH 值为 3.4)分别逐渐上升到 3.67,3.69,3.65,3.68 和 3.44。

**表 5.1　苹果汁(第 0 天)和不同发酵后的苹果酒(第 26 天)的主要参数**

| | 苹果汁 | 苹果酒(第 26 天) | | | | |
|---|---|---|---|---|---|---|
| | | control | SEQ/1 | SEQ/PG-16 | SIM/1 | SIM/PG-16 |
| 酒精(%,v/v) | 0.06±0.03c | 11.12±0.01a | 11.25±0.07a | 11.32±0.02a | 10.93±0.11a,b | 11.08±0.04a |
| pH | 3.40±0.01b | 3.44±0.01b | 3.67±0.04a | 3.69±0.01a | 3.65±0.03a | 3.68±0.01a |

续表

| | 苹果汁 | 苹果酒(day 26) | | | | |
|---|---|---|---|---|---|---|
| | | control | SEQ/1 | SEQ/PG-16 | SIM/1 | SIM/PG-16 |
| °Brix | 20.00±0.04a | 6.07±0.08b | 6.12±0.05b | 6.03±0.02b | 6.26±0.08b | 6.15±0.02b |
| 糖组分(g/L) | | | | | | |
| 果糖 | 26.21±0.32a | ND | ND | ND | 0.02±0.00b | 0.08±0.02b |
| 葡萄糖 | 6.64±0.06a | 0.96±0.02b | 1.12±0.04b | 1.02±0.04b | 1.32±0.09b | 0.95±0.04b |
| 蔗糖 | 110.99±0.10a | ND | ND | ND | ND | ND |
| 酸组分(g/L) | | | | | | |
| 酒石酸 | 3.16±0.01a | 0.39±0.03b | 0.27±0.04b | 0.23±0.04b | 0.24±0.02b | 0.21±0.01b |
| 草酸 | 0.05±0.00b | 0.16±0.01a | 0.21±0.02a | 0.18±0.01a | 0.18±0.01a | 0.15±0.00a |
| 苹果酸 | 7.51±0.01a | 5.81±0.34a,b | 0.84±0.20b | 0.55±0.27b | 0.93±0.12b | 0.65±0.19b |
| 乳酸 | 0.11±0.01c | 1.50±0.14b | 5.62±0.11a | 5.81±0.20a | 5.54±0.15a | 5.63±0.14a |
| 乙酸 | 0.02±0.00c | 0.40±0.02b | 0.98±0.04a | 0.75±0.05a,b | 1.17±0.04a | 1.07±0.02a |
| 柠檬酸 | 0.07±0.00a,b | 0.10±0.01a | 0.05±0.01b | ND | 0.03±0.00b | ND |
| 琥珀酸 | 0.05±0.00c | 0.59±0.03a | 0.57±0.04a | 0.49±0.02a,b | 0.31±0.02b | 0.38±0.03b |

注:同一行不同字母(a～c)差异显著($p<0.05$);ND 未检出。

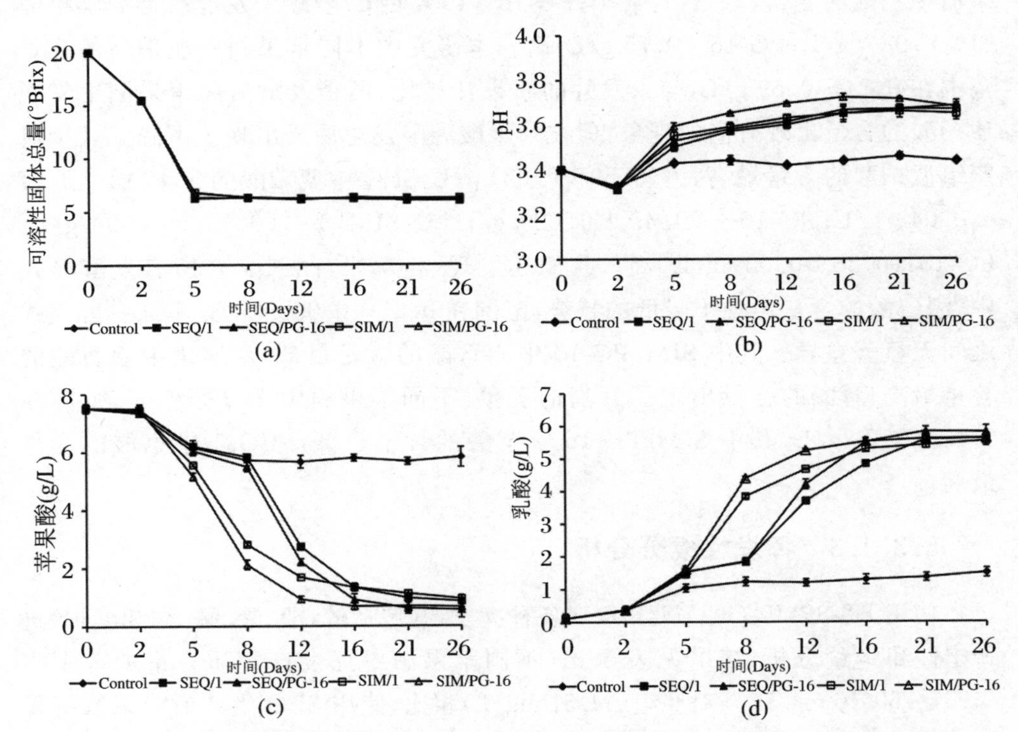


图 5.2　红肉苹果酒发酵过程中°Brix(a)、pH 值(b)、苹果酸含量(c)和乳酸含量(d)的测定

### 5.3.1.2　糖组分和酸组分的变化

红肉苹果酒发酵前后的主要糖组分和酸组分的含量见表5.1。从表中我们可以看出，在所有的发酵过程中，蔗糖在第5天被耗尽。果糖和葡萄糖的利用率相似，在第8天时大部分被消耗殆尽，其中果糖的含量范围在0～0.08 g/L，葡萄糖的范围在0.95～1.32 g/L。对照组，SEQ/1，SEQ/PG-16，SIM/1，SIM/PG-16中果糖的含量分别为0,0,0,0.02 g/L,0.08 g/L；而葡萄糖的含量分别为0.96 g/L,1.12 g/L,1.02 g/L,1.32 g/L,0.95 g/L。

SIM和SEQ获得的苹果酒中有机酸的含量与对照组不同(如表5.1、图5.2所示)。我们可以看出不同苹果酒中苹果酸的含量范围在0.55～5.81 g/L，其中对照组中苹果酸的含量最高，为(5.81±0.34) g/L，SEQ/PG-16中苹果酸的含量最低，为(0.55±0.27) g/L。苹果酸乳酸发酵后乳酸的显著产生与发酵本身有关，不同苹果酒中乳酸的含量在1.50～5.81 g/L，其中对照组中乳酸的含量最低，SEQ/PG-16中乳酸的含量最高。同时SEQ获得的苹果酒中乳酸的含量(5.62～5.81 g/L)较SIM(5.54～5.63 g/L)高。与对照组相比，苹果酒经过MLF后，乙酸的含量显著增加，范围在0.75～1.17 g/L，其中共发酵获得的苹果酒中乙酸的含量(1：1.17 g/L；PG-16：1.07 g/L)较顺序发酵获得的苹果酒(1：0.98：g/L；PG-16：0.75 g/L)高。本研究中不同苹果酒中琥珀酸的含量范围在0.31～0.59 g/L，与未发酵的苹果汁相比，酒精发酵后的苹果酒中发现琥珀酸的含量出现升高的现象，但在苹果酸乳酸发酵后又出现了下降。其中对照组琥珀酸的含量最高，为(0.59±0.03) g/L，SEQ中琥珀酸的含量[(1：0.57±0.04) g/L；PG-16：(0.49±0.02) g/L]较SIM[1：(0.31±0.02) g/L；PG-16：(0.38±0.03) g/L]高。我们还发现，与苹果汁相比，在所有发酵模式中，酒石酸的含量出现了降低的趋势，范围在0.21～0.39 g/L，且不同发酵模式之间无显著差异。其中SIM/PG-16中酒石酸的含量最低，对照组中酒石酸的含量最高；草酸的含量出现了升高的现象，不同苹果酒中无显著差异，范围在0.15～0.21 g/L，其中SIM/PG-16中草酸的含量最低，SEQ/1中草酸的含量最高。

### 5.3.1.3　挥发性成分分析

使用HS-SPME-GC-MS/FID对各种挥发物(包括醇、酯、酸、醛、酮和萜烯)进行定性和定量分析，结果见表5.2。不同苹果酒中挥发性物质含量的范围在44.51～60.10 mg/L，与对照组(44.51 mg/L)相比，使用SEQ生产的苹果酒挥发物总量相对增加(SEQ/1和SEQ/PG-16分别为52.21 mg/L和54.99 mg/L)，而使用SIM生产的苹果酒挥发物总量最高(SIM/1和SIM/PG-16分别为57.87 mg/L和61.10 mg/L)。醇类和酯类是红肉苹果酒的主要挥发性物质,而羰基化合物和萜类化合物对苹果酒的香气也有贡献。普遍认为香气活力值(oclor activity alue,OAV)大于1时会影响苹果酒的香气特征(Peng et al,2013);因此,OAV被用来评估挥发性化合物对苹果酒香气特征的贡献。

红肉苹果酒中高级醇的含量出现了增加,这可能增加苹果酒的果香的复杂性。这些醇包括1-丙醇、2-甲基-1-丙醇、1-丁醇、1-己醇、苯甲醇和苯乙醇。苹果酒中高级醇的含量范围在11.10～11.93 mg/L,其中SEQ/PG-16获得的苹果酒中高级醇的含量最低,为11.10 mg/L,接下来由高到低依次是SIM/PG-16,SEQ/1,SIM/1,含量分别为11.40 mg/L,11.57 mg/L,11.82 mg/L,而对照组获得的高级醇的含量最高,为11.93 mg/L。

一般来说,MLF和AF之间的总高级醇含量没有显著差异($p<0.05$);但苯乙醇和1-丁醇含量在MLF之后降低,SIM获得的苹果酒中苯乙醇的含量(SIM/1∶5.97 mg/L和SIM/PG-16∶5.34 mg/L)高于SEQ(SEQ/1∶5.85 mg/L;SEQ/PG-16∶5.27 mg/L)。我们还发现,随着1-丁醇浓度的减小,相应的乙酸丁酯含量有所增加。

本研究共对发酵过程中的四种挥发性脂肪酸(已酸、辛酸、癸酸和2-甲基丁酸)进行了测定,得出不同苹果酒中挥发性脂肪酸的含量在8.56～11.53 mg/L。其中苹果酒中辛酸的含量在598.2～872.59 μg/L,已酸的含量范围在7.54～10.23 mg/L,癸酸的含量在126.06～249.27 μg/L,2-甲基丁酸的含量在21.68～31.76 μg/L。与对照组相比,除辛酸外,其他脂肪酸的含量在MLF获得的苹果酒中均有增加的现象。经过MLF获得的苹果酒中,除已酸外,SIM获得的苹果酒中其他挥发性脂肪酸的含量均高于SEQ获得的苹果酒,且不同处理之间无显著差异。

在红肉苹果酒中,酯类是最具特色的挥发性组分,对其香气有着显著的贡献。本研究中共对15种酯类物质进行了定性和定量分析,主要包括乙酸酯类(乙酸乙酯、乙酸丁酯、3-甲基乙酸丁酯、乙酸己酯、乙酸苯乙酯)和乙酯类(乳酸乙酯、丙酸乙酯、丁酸乙酯、己酸乙酯、庚酸乙酯、苯甲酸乙酯、辛酸乙酯、9-癸烯酸乙酯、癸酸乙酯、月桂酸乙酯)。不同苹果酒中挥发性酯类物质的含量在23.72～38.22 mg/L,其中SIM/PG-16中获得的苹果酒中挥发性酯类物质含量最高,对照组中获得的挥发性酯类物质含量最低。与对照组相比,MLF获得的苹果酒中挥发性酯类物质的含量明显增高,其中SIM中挥发性酯类物质的含量较SEQ获得的苹果酒高。与仅进行酒精发酵的对照组相比,除了乙酸苯乙酯外,MLF导致其他所有的酯类物质都有较大的增加。

表 5.2 不同发酵后苹果酒主要挥发性成分的浓度(平均值±标准差)

单位:μg/L

| 组分 | 气味阈值 | 气味描述 | OAV | Control | SEQ/1 | SEQ/PG-16 | SIM/1 | SIM/PG-16 |
|---|---|---|---|---|---|---|---|---|
| 酸 | | | | | | | | |
| 辛酸 | 500[①] | 奶酪,脂肪酸,酸败,粗糙 | >1 | 872.59±160a | 689.3±230b | 598.2±130b | 832.35±180a | 782.35±115a,b |
| 己酸* | 0.42[④] | 奶酪,脂肪酸 | >1 | 7.54±0.22c | 9.89±0.13b | 10.73±0.12a | 9.58±0.11b | 10.23±0.10a |
| 癸酸 | 1000[①] | 脂肪酸,不愉快的气味 | >0.1 | 126.06±44.03c | 191.32±21.56b | 175.97±15.10b | 249.27±11.81a | 234.65±35.83a |
| 2-甲基丁酸 | 1500[②] | 果香,杏,梨 | <0.1 | 21.68±1.67c | 27.06±2.20b | 27.40±1.25b | 30.66±4.50a | 31.76±1.29a |
| 小计* | | | | 8.56 | 10.80 | 11.53 | 10.69 | 11.28 |
| 醇 | | | | | | | | |
| 正丙醇 | 9000[⑥] | 清新醇香,成熟果香 | <0.1 | 116.05±9.96a,b | 135.51±14.10a | 143.54±25.71a | 123.48±16.23a,b | 131.01±18.02a |
| 2-甲基-1-丙醇 | 50000[③] | 醇香 | <0.1 | 831.00±18.02a,b | 860.53±35.61a | 864.25±19.55a | 856.22±14.88a | 863.30±82.12a |
| 1-丁醇 | 150000[⑤] | 药醇味 | <0.1 | 232.22±26.32a | 200.30±13.40a,b | 212.85±9.31a | 191.45±11.67a,b | 181.68±8.24a,b |
| 2,3-丁二醇 | 120c | 黄油,奶油 | <0.1 | 1.84±0.07c | 2.85±0.07a,b | 2.96±0.08a | 3.01±0.08a | 3.27±0.06a |
| 正己醇* | 8c | 生青,青草味 | >0.1 | 1.53±0.11a,b | 1.67±0.07a | 1.65±0.13a | 1.62±0.19a | 1.59±0.11a,b |
| 苯乙醇* | 10c | 玫瑰,花粉,香水 | >1 | 7.38±0.27a | 5.85±0.23b | 5.27±0.21b | 5.97±0.24b | 5.34±0.98b |
| 苯甲醇 | 200000c | 樱桃 | <0.1 | ND | 7.90±0.44b | ND | 46.79±2.31a | 21.86±2.56a,b |
| 小计* | | | | 11.93 | 11.57 | 11.10 | 11.82 | 11.40 |

续表

| 组分 | 气味阈值 | 气味描述 | OAV | Control | SEQ/1 | SEQ/PG-16 | SIM/1 | SIM/PG-16 |
|---|---|---|---|---|---|---|---|---|
| 酯 | | | | | | | | |
| 乙酸乙酯* | 7.5 g | 菠萝,水果,香油 | >1 | 17.53±0.15c | 19.72±0.19b | 21.64±0.24b | 24.72±0.25a | 26.74±0.12a |
| 乳酸乙酯* | 14i | 果香,草莓,花香 | >0.1 | 0.93±0.03c | 3.39±0.15b | 3.55±0.31b | 4.01±0.17a | 4.13±0.22a |
| 丙酸乙酯 | 1800f | 香蕉,苹果 | >0.1 | 194.46±1.12c | 204.09±14.40b | 227.36±16.68a | 198.13±10.32b | 208.95±11.70a,b |
| 丁酸乙酯 | 20 g | 草莓,苹果,香蕉 | >1 | 206.02±22.54c | 278.95±22.06a | 281.15±10.93a | 239.49±16.68b | 246.15±9.27b |
| 乙酸丁酯 | 1800e | 果香 | <0.1 | 20.02±0.12c | 23.47±0.72b | 21.03±1.31b | 25.51±1.44a | 26.30±0.85a |
| 3-甲基乙酸丁酯 | 18a | 果香 | >1 | 272.86±17.67c | 306.59±19.55b | 321.91±9.03a,b | 291.39±21.27b | 360.05±16.02a |
| 己酸乙酯* | 0.05a | 果味,青苹果,紫罗兰 | >1 | 2.50±0.02c | 2.99±0.03b | 3.10±0.06a,b | 2.89±0.10b | 3.23±0.07a |
| 乙酸己酯 | 670b | 愉悦水果香气,梨,樱桃 | >0.1 | 144.10±8.03c | 277.98±12.39a | 283.72±17.20a | 176.50±12.03b | 270.17±4.35a,b |
| 庚酸乙酯 | 220f | 酒味,白兰地,水果味 | >0.1 | 17.35±0.50c | 21.98±0.85b | 23.76±1.70a,b | 22.66±1.56b | 26.39±2.01a |
| 苯甲酸乙酯 | 500c | 果香 | >1 | 467.78±33.14c | 715.30±15.40a | 762.57±13.31a | 614.52±8.03b | 622.83±18.54b |
| 辛酸乙酯* | 0.58b | 果香,菠萝,梨,花香 | >1 | 0.73±0.01c | 1.00±0.05b | 1.21±0.02b | 1.25±0.05b | 1.58±0.01a |
| 乙酸苯乙酯 | 250c | 愉悦的玫瑰花香 | >1 | 263.64±9a | 169.97±13c | 182.33±5c | 201.98±12b | 228.27±20b |
| 9-癸烯酸乙酯 | 100c | 果香 | >0.1 | 49.28±1.73c | 53.45±1.20b | 58.46±1.59a | 50.45±0.92b | 56.20±0.42a |
| 癸酸乙酯 | 200c | 蜡质,果香,玫瑰 | >1 | 292.55±63.84c | 375.74±24.27a | 379.98±34.48a | 351.85±14.50b | 364.06±13.80b |

续表

| 组分 | 气味阈值 | 气味描述 | OAV | Control | SEQ/1 | SEQ/PG-16 | SIM/1 | SIM/PG-16 |
|---|---|---|---|---|---|---|---|---|
| 月桂酸乙酯 | 1500c | 甜味，花香，果香，奶油 | >0.1 | 98.43±16.30c | 110.45±12.80b | 117.44±21.58b | 126.40±6.09a | 134.71±7.24a |
| 小计 | | | | 23.72 | 29.64 | 32.16 | 35.17 | 38.22 |
| 醛酮类 | | | | | | | | |
| 壬醛 | NF | 果香，玫瑰，橙子 | – | 30.10±1.66a,b | 32.67±1.63a | 31.73±2.27a | 31.24±3.34a | 31.98±3.49a |
| 癸醛 | 10c | 橙子，柠檬，水果味 | <0.1 | 15.65±1.40a,b | 16.45±1.23a,b | 17.08±1.57a | 17.10±2.38a | 18.45±1.43a |
| α-金合欢烯 | NF | 花香，生青 | – | 26.44±1.85c | 30.80±1.27b | 31.85±1.34b | 36.35±2.05a | 37.35±2.19a |
| 芳樟醇 | 25.2c | 水果，柠檬味，麝香，薰衣草 | >0.1 | 13.06±2.02c | 16.06±2.08a | 17.31±1.24a | 14.66±1.51b | 15.97±1.22b |
| 香茅醇 | 100c | 青柠檬 | >1 | 82.45±2.04c | 106.78±8.58a | 104.22±8.81a | 84.27±4.72b | 99.53±6.04b |
| 小计 | | | | 167.70 | 202.76 | 202.19 | 183.62 | 203.28 |
| 合计 | | | | 44.51 | 52.21 | 54.99 | 57.87 | 61.10 |

注：同一行不同字母(a～c)的数值经 Duncan 检验有显著性差异($p<0.05$)。ND，未检测到。*，苹果酒中挥发性物质的浓度以 mg/L 表示。NF，未找到。数字上标①～⑨为参考文献：① Ferreira et al，2000；② Etievant，1991；③ Tao and Li，2009；④ Cullere et al，2004；⑤ Peinado et al，2004；⑥ González et al，2011；⑦ Wang et al，2017b；⑧ Zea et al，2001；⑨ Francis and Newton，2005.

2,3-丁二醇在苹果酒的挥发性物质中被检测出来,它是苹果酸乳酸发酵的一个重要的中间产物,对苹果酒的香气和感官品质有着重要的贡献。不同苹果酒中挥发性物质含量在1.84～3.27 mg/L,其中SIM/PG-16获得的苹果酒中的2,3-丁二醇的含量最高,对照组中的2,3-丁二醇的含量最低。与对照组相比,MLF增加了苹果酒中2,3-丁二醇的含量,其中SIM获得的苹果酒中2,3-丁二醇的含量较SEQ获得的苹果酒高,不同处理之间无显著差异。

本研究共对苹果酒定性和定量分析了5种其他类物质,其中包含2种醛类(壬醛和癸醛)和3种萜烯类(α-法尼烯、芳樟醇和香茅醇)化合物,其含量在167.70～203.28 μg/L。与对照组相比,两种醛类物质在经过苹果酸乳酸发酵后有所增加,但样品之间无显著差异;MLF后不同苹果酒中萜烯类化合物的含量有所增加,与对照组差异显著。就经过苹果酸乳酸发酵的样品而言,共发酵样品中萜烯类物质的含量较顺序发酵高,且不同处理间差异显著,在相同的接种模式下,不同菌株获得的样品间无显著差异。

#### 5.3.1.4　苹果酒总酚、类黄酮、花青苷含量分析

由表5.3可知,不同发酵模式获得的苹果酒的总酚含量在464.07～600.24 mg GAE/L,其类黄酮的含量在200.13～292.75 mg RE/L,其花青苷的含量在60.51～72.04 mg C3GE/L。

与仅进行酒精发酵的对照组相比,MLF获得的苹果酒中总酚或花青苷的含量显著低于对照组,但其类黄酮的含量显著高于对照组。苹果酒经过MLF发酵后,SEQ获得苹果酒中总酚或花青苷的含量显著低于SIM获得的苹果酒,但是在相同的发酵模式下,不同菌株间总酚含量无显著差异,而花青苷含量差异显著($p<0.05$);而SEQ获得苹果酒中类黄酮的含量显著高于SIM获得的苹果酒,但是在相同的发酵模式下,不同菌株之间差异性显著($p<0.05$)。

表5.3　不同苹果酒总酚、类黄酮、花青苷的含量

| 苹果酒 | 总酚<br>(mg GAE/L) | 类黄酮<br>(mg RE/L) | 花青苷<br>(mg C3GE/L) |
|---|---|---|---|
| Control | 600.24±23.11a | 200.13±5.12e | 72.04±6.02a |
| SEQ/1 | 464.07±13.38c | 279.15±10.55b | 62.23±5.41c |
| SEQ/PG-16 | 471.14±10.40c | 292.75±6.01a | 60.51±7.43d |
| SIM/1 | 495.69±9.36b | 254.66±7.33d | 66.86±5.57b |
| SIM/PG-16 | 510.13±12.02b | 262.06±12.52c | 63.74±3.08c |

注:同一行不同字母之间差异性显著($p<0.05$)。

### 5.3.1.5 苹果酒单体酚分析

本研究共对红肉苹果酒中16种主要的单体酚含量进行了定性和定量分析(表5.4),其中包括9种类黄酮(原花青素$B_2$、表儿茶素、芦丁、金丝桃苷、异槲皮苷、番石榴苷、根皮苷、槲皮素、山奈酚)和7种酚酸(绿原酸、肉桂酸、香豆素、阿魏酸、丁香酸、香兰酸、没食子酸)。

表5.4 不同苹果酒的主要酚类成分分析

| 酚类组分 | 酚类含量(mg/L) | | | | |
|---|---|---|---|---|---|
| | Control | SEQ/1 | SEQ/PG-16 | SIM/1 | SIM/PG-16 |
| 原花青素$B_2$ | 3.51±0.02a | 1.61±0.15b | 1.48±0.01c | 1.20±0.06d | 1.04±0.04e |
| 表儿茶素 | 0.72±0.08c | 1.30±0.03a | 1.16±0.06b | 1.10±0.05b | 1.12±0.13b |
| 芦丁 | 20.18±1.25d | 20.50±0.94c | 23.40±1.03a | 21.60±0.61b | 21.30±0.39b |
| 金丝桃苷 | 1.47±0.25a | 0.62±0.12b | 0.57 ±0.09b | 0.44±0.04c | 0.41±0.11c |
| 异槲皮苷 | 3.01±0.11a | 1.76±0.03c | 1.33±0.06d | 2.02±0.10b | 1.28±0.08d |
| 番石榴苷 | 0.39±0.05a | 0.23±0.02b | 0.14±0.03e | 0.19±0.02c | 0.16 ±0.04d |
| 根皮苷 | 2.82±0.12a | 2.25±0.06b | 1.67±0.13c | 0.92±0.31d | 1.94±0.15c |
| 槲皮素 | 10.71±0.33a | 7.77 ±0.41b | 7.54±0.62b | 7.36±0.55c | 7.16 ±0.39c |
| 山奈酚 | 0.12±0.02a | 0.07±0.01b | 0.07±0.02b | 0.06±0.01c | 0.06±0.02c |
| 绿原酸 | 16.62±0.53a | 15.34±0.81b | 14.61±0.45c | 12.33±0.39d | 11.71±0.26d |
| 肉桂酸 | 0.31±0.01a | 0.23±0.01b | 0.22±0.01b | 0.14±0.01c | 0.11±0.01c |
| 香豆素 | 1.28±0.10a | 0.92±0.06c | 1.05±0.12c | 1.16 ±0.03b | 1.31±0.19a |
| 阿魏酸 | 3.34±0.02a | 2.41±0.04c | 2.72±0.03b,c | 2.92±0.06b | 3.04 ±0.04b |
| 丁香酸 | 2.61±0.02c | 2.22±0.07d | 3.02±0.04b | 2.84±0.05b | 3.91±0.11a |
| 香兰酸 | 5.30±0.14a | 3.42±0.11c | 4.01±0.22b | 4.23±0.10b | 4.93±0.33a |
| 没食子酸 | 16.21±0.35d | 19.21±0.86b | 21.54±1.27a | 17.42±0.61c | 18.53±1.06b,c |

注:同一行不同字母之间差异性显著($p<0.05$)。

测定苹果酒样品中原花青素$B_2$的含量在1.04～3.51 mg/L;表儿茶素的含量在0.72～1.30 mg/L;芦丁的含量在20.18～23.40 mg/L;金丝桃苷的含量在0.41～1.47 mg/L;异槲皮苷的含量在1.28～3.01 mg/L;番石榴苷的含量在0.14～0.39 mg/L;根皮苷的含量在0.92～2.82 mg/L;槲皮素的含量在7.16～10.71 mg/L;山奈酚的含量在0.06～0.12 mg/L;绿原酸的含量在11.71～16.62 mg/L;肉桂酸的含量在0.11～0.31 mg/L;香豆素的含量在0.92～

1.31 mg/L；阿魏酸的含量在 2.41～3.34 mg/L；丁香酸的含量在 2.22～3.91 mg/L；香兰酸的含量在 3.42～5.30 mg/L；没食子酸的含量在 16.21～21.54 mg/L。

以仅进行酒精发酵的苹果酒为对照组，MLF 获得的苹果酒中原花青素 $B_2$、金丝桃苷、番石榴苷、异槲皮苷、根皮苷、槲皮素、山奈酚、绿原酸、肉桂酸、阿魏酸和香兰酸显著低于对照，而表儿茶素、芦丁、没食子酸则显著高于对照；除 SEQ/1 外，其余各组的丁香酸含量均显著高于对照；MLF 处理过的苹果酒中，SIM 中的原花青素 $B_2$、番石榴苷、根皮苷、绿原酸、金丝桃苷、槲皮素、山奈酚、肉桂酸、表儿茶素显著低于 SEQ，而香豆素、丁香酸、阿魏酸、香兰酸显著高于 SEQ。此外，我们还发现 *O. oeni* 1 在 SEQ 中获得的异槲皮苷含量较 SIM 中低，而 *O. oeni* PG-16 在 SEQ 中获得的异槲皮苷较 SIM 中高。

#### 5.3.1.6　苹果酒抗氧化能力分析

从表 5.5 中可以看出，不同苹果酒中 DPPH 值的范围在 2758.61～3188.96 μmol TE/L 之间，ABTS 清除率的范围在 5108.54～6442.34 μmol TE/L，$Fe^{3+}$ 还原能力 FRAP 值的范围在 3405.69～3936.99 μmol TE/L。与仅进行酒精发酵的对照组相比，MLF 后的苹果酒的三种抗氧化能力均显著高于对照组（$p<0.05$），并且 SIM 获得的苹果酒的抗氧化能力较 SEQ 高。在相同的发酵模式下，不同菌株发酵获得苹果酒的 DPPH 和 ABTS 值之间存在显著差异。在 FRAP 反应的抗氧化能力中，不同菌株在 SIM 获得的苹果酒间无显著差异，在 SEQ 获得苹果酒中存在显著差异。就 MLF 而言，无论在哪种发酵模式下，*O. oeni* PG-16 获得苹果酒的三种抗氧化能力均较 *O. oeni* 1 高。

**表 5.5　不同苹果酒的抗氧化能力（DPPH、ABTS 和 FRAP）**

单位：μmol TE/L

| 样品 | 抗氧化能力 | | |
|---|---|---|---|
| | DPPH | ABTS | FRAP |
| Control | 2758.61±104.85d | 5108.54 ±122.11e | 3405.69 ±55.47d |
| SEQ/1 | 2838.33± 42.04c | 5565.36±65.34d | 3547.92±71.02c |
| SEQ/PG-16 | 3028.75± 92.88b | 5867.12±88.44c | 3660.12±96.84b |
| SIM/1 | 3045.69±132.44b | 6334.48±107.52b | 3890.05±67.58a |
| SIM/PG-16 | 3188.96 ±127.14a | 6442.34±73.38a | 3936.99± 56.11a |

注：同一行不同字母之间差异性显著（$p<0.05$）。

#### 5.3.1.7 苹果酒与其主要成分的多元统计分析

采用主成分分析法(PCA)对不同苹果酒样品中主要化学成分和 OAV>1 的挥发物进行了分析,结果如图 5.3 所示。研究表明:生成的数据占总方差的 88.83%,其中前两个主成分(PC1 和 PC2)分别占数据变量的 66.37% 和 22.45%(图 5.3)。对照组苹果酒的香气化合物分布通过 PC2 与 SIM、SEQ 苹果酒区分开来,而 SIM 苹果酒通过 PC1 与 SEQ 苹果酒进一步分离。主成分双标图显示,MLF 和接种时间决定了最终苹果酒的化学成分和挥发性成分。总的来说,MLF 可以增强苹果酒的香气,这与之前的研究结果一致(Chen and Liu,2016;Tristezza et al,2016)。因此,对照组苹果酒(位于双标图的左侧)主要与酸(酒石酸、苹果酸、柠檬酸)和苯乙醇有关。SIM 苹果酒(位于双标图的右侧 PC2 负向)主要与乙酸及乙酸酯(乙酸乙酯和 3-甲基乙酸丁酯)、己酸乙酯、辛酸乙酯、乳酸和 pH 值有关。相反,SEQ 苹果酒(位于双标图的右侧 PC2 正向)与琥珀酸、己酸、草酸、乙醇、香茅醇、苯甲酸乙酯、丁酸乙酯和癸酸乙酯有关。这与 Taniasuri 等(2016)和 Tristezza 等(2016)的结果部分一致。前者报道 SIM 产生更高浓度的乙酸乙酯而 SEQ 引起中长链脂肪酸乙酯的增加,后者报道 SIM 可能产生更高浓度的脂肪酸乙酯。我们的数据和先前的研究结果表明,SIM 获得的苹果酒在果香特性上的得分高于 SEQ(Bartowsky et al,2008;Tristezza et al,2016),因为这些酯类可以为苹果酒带来“果香”和“花香”的味道。此外,不同菌株获得的苹果酒间也存在一定程度的分散性。总之,这些结果表明,无论使用何种乳酸菌菌株,在相同接种方式下,苹果酒的理化性质和芳香品质有较大的相似性。因此,根据主成分分析的结果,可以有效地区分 MLF 前后的苹果酒,以及 SIM 和 SEQ 获得的苹果酒。

图 5.4 显示了所有酒样及其 22 种酚类物质的主成分分析,结果表明生成的数据占总方差的 89.55%,其中前两个主成分(PC1 和 PC2)分别占数据变量的 65.15% 和 24.41%。对照组苹果酒的香气化合物分布通过 PC2 与 SIM、SEQ 苹果酒区分开来,而 SIM 苹果酒通过 PC1 与 SEQ 苹果酒得到了进一步的分离。主成分双标图显示,MLF 和接种时间改变了最终苹果酒的酚类物质成分。由图 5.4 可知,对照组苹果酒(位于双标图的右侧 PC1 正向)主要与异槲皮苷、香豆素、阿魏酸、香兰酸、总酚、花青苷有关。SIM 苹果酒(位于双标图的左侧 PC2 正向)主要与丁香酸、DPPH、ABTS 和 FRAP 相关。相反,SEQ 苹果酒(位于双标图的左侧 PC2 负向)与表儿茶素、芦丁、没食子酸和类黄酮相关。不同菌株获得的苹果酒间也存在一定程度的分散性。总之,这些结果表明,无论使用何种乳酸菌菌株,在相同接种方式下,苹果酒的酚类成分有较大的相似性。

因此,根据主成分分析的结果,可以有效地区分 MLF 前后的苹果酒,以及 SIM 和 SEQ 获得的苹果酒。

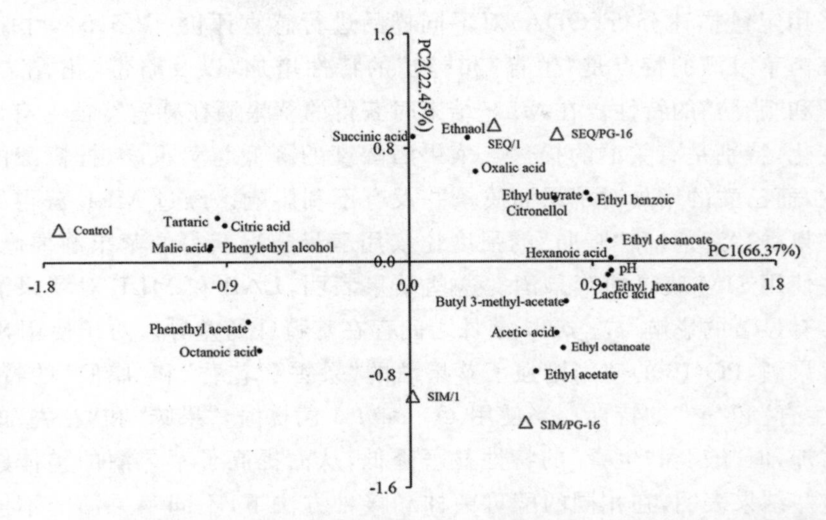


**图5.3 不同发酵苹果酒中主要化学成分和 OAV>1 的挥发性成分的主成分分析双标图**

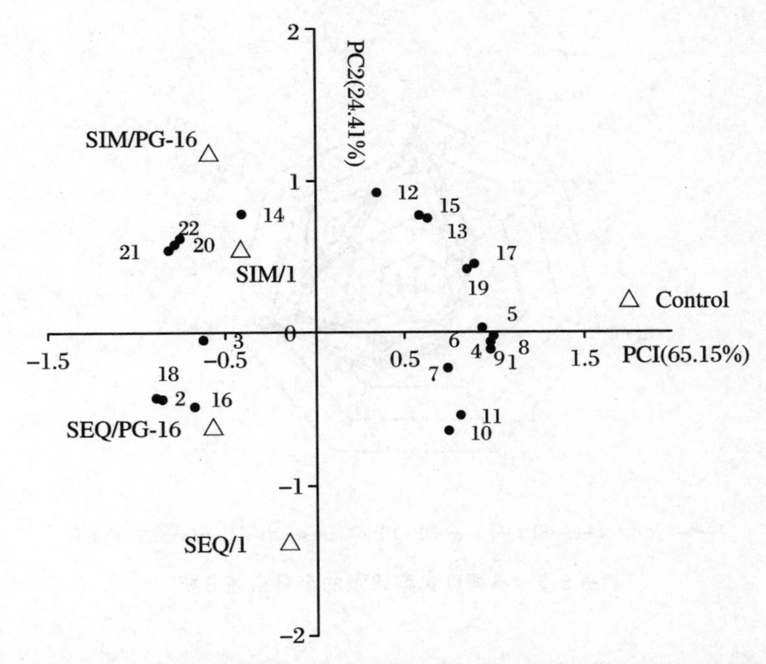


**图5.4 不同苹果酒中总酚、类黄酮、花青苷、抗氧化能力和主要酚类物质的 PCA 双标图**

1-原花青素 $B_2$;2-表儿茶素;3-芦丁;4-金丝桃苷;5-异槲皮苷;6-番石榴苷;7-根皮苷;8-槲皮素;9-山奈酚;10-绿原酸;11-肉桂酸;12-香豆素;13-阿魏酸;14-丁香酸;15-香兰酸;16-没食子酸;17-总酚;18-类黄酮;19-花青苷;20-DPPH;21-ABTS;22-FRAP

### 5.3.1.8 定量描述分析(QDA)

采用定量描述分析(QDA)对不同样品进行感官评价(图 5.5)。由 AF 酿制的红肉苹果酒的特点是“生青”和“酸”的特性增加,以及略带“花香”“溶剂”“甜味”和“脂肪”的特性。在 MLF 结束时获得的苹果酒在感官特征上有许多显著的变化,特别是有关酸的描述。苹果酒酸度的降低与苹果酸、柠檬酸的降解相一致,而乙酸的增加对苹果酒质量并没有不利影响。经过 MLF 获得的苹果酒,其“果香”“溶剂“和“脂肪”的强度比仅用酵母酿造获得的苹果酒要高;特别是那些使用 SIM 获得的苹果酒。这些结果表明,LAB 和 MLF 对苹果酒的感官品质有显著的影响,*O. oeni* 菌株之间存在着特殊的差异。对于使用 SIM 生产的苹果酒,PG-16 的使用增强了苹果酒的“果香”“花香”和“脂肪”的特性,减少了“生青”和“酸”的特性。当使用 *O. oeni* 1 菌株时,“果味”和“花香”的特性略有增加,但“酸”和“生青”的特性显著降低,从而提高了苹果酒的整体感官质量。这些结果表明,在相同的酵母菌株和接种方法下,不同苹果酒的不同感官特性主要取决于 *O. oeni* 菌株,而本地 *O. oeni* PG-16 可以更好地提升红肉苹果酒的品质。

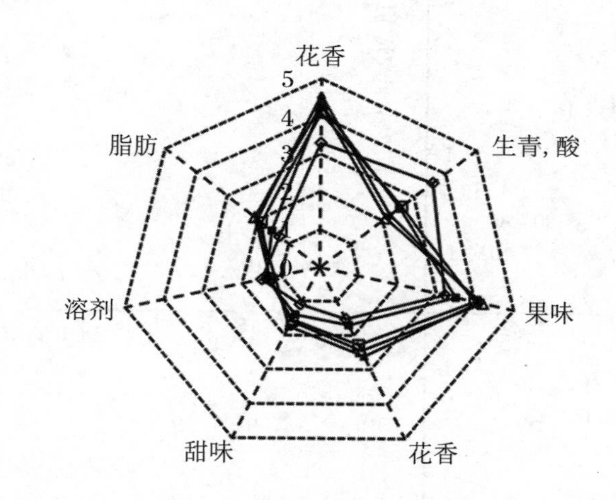


图 5.5 不同红肉苹果酒的定量描述分析

## 5.3.2 发酵对"富士"苹果酒主要化学成分的影响

### 5.3.2.1 主要理化指标分析

"富士"苹果汁和苹果酒中的主要理化参数如表5.6所示，从表中可以看出，固形物含量(°Brix)从苹果汁中的20.00降低至苹果酒中的6.05，而酒精在苹果汁中的含量仅为0.02%，经过发酵后，苹果酒中酒精的含量为(11.32%±0.2)，这主要是因为苹果中的糖被酵母菌和乳酸菌代谢生成了酒精。果糖、蔗糖经过发酵后被完全消耗，仅痕量葡萄糖存在于苹果酒中。同时酒石酸、苹果酸、柠檬酸的含量经发酵后出现了降低的现象，在苹果酒中的含量分别为(0.11±0.01) g/L，(0.66±0.16) g/L，(0.16±0.01) g/L，而草酸、乳酸、乙酸、琥珀酸的含量发酵后则出现了升高的趋势，在苹果酒中的含量分别为(0.32±0.01) g/L，(5.02±0.31) g/L，(0.54±0.12) g/L，(0.24±0.03) g/L。

表5.6 "富士"苹果汁和苹果酒的主要化学参数

| 组分或特征值 | 主要化学参数 | |
|---|---|---|
| | 苹果汁 | 苹果酒 |
| 酒精(%,v/v) | 0.02±0.01 | 11.32±0.22 |
| pH | 3.53±0.02 | 3.75±0.01 |
| °Brix | 20.00±0.05 | 6.05±0.02 |
| 糖组分(g/L) | | |
| 果糖 | 50.11±1.30 | ND |
| 葡萄糖 | 22.04±0.67 | 0.63±0.05 |
| 蔗糖 | 90.31±1.12 | ND |
| 有机酸(g/L) | | |
| 草酸 | 0.17±0.01 | 0.32±0.01 |
| 酒石酸 | 2.91±0.01 | 0.11±0.01 |
| 苹果酸 | 6.62±0.07 | 0.66±0.16 |
| 乳酸 | ND | 5.02±0.31 |
| 乙酸 | ND | 0.54±0.12 |
| 柠檬酸 | 1.02±0.04 | 0.16±0.01 |
| 琥珀酸 | ND | 0.24±0.03 |

注：ND表示未检出。

### 5.3.2.2 挥发性成分分析

“富士”苹果酒共定性和定量分析出34种挥发性物质，如表5.7所示，其中包括2种挥发性脂肪酸，9种醇类，22种挥发性酯类和1种萜烯类。苹果酒中总挥发性物质的含量为50.39 mg/L，其中挥发性酯类物质含量最高，为37.12 mg/L，醇类物质的含量为12.59 mg/L，挥发性脂肪酸的含量为0.67 mg/L，萜烯类物质的含量最少，为0.01 mg/L。挥发性酯类物质和高级醇是“富士”苹果酒的两大挥发性成分，而羰基化合物和萜类化合物对苹果酒的香气也有贡献。酯类也是“富士”苹果酒的主要挥发性组分，对苹果酒的香气有着重要的贡献，主要包括乙酸乙酯、辛酸乙酯、己酸乙酯、癸酸乙酯、丙酸乙酯、乙酸异丁酯、丁酸乙酯、乳酸乙酯、3-甲基乙酸丁酯、2-甲基乙酸丁酯、己酸甲酯、乙酸己酯、庚酸乙酯、苯甲酸乙酯、3,7-二甲基丙酸乙酯、2-甲基丁酸己酯、苯乙酸乙酯、乙酸2-苯乙酯、癸酸甲酯、9-癸烯酸乙酯、壬酸戊酯和月桂酸乙酯，其中乙酸乙酯具有典型的菠萝等水果香气，在苹果酒中含量最高，为(22.41 ± 0.68) mg/L。苹果酒中的高级醇可能增加苹果酒的“果香”的复杂性，“富士”苹果酒中的醇类物质主要包括1-丙醇、2-甲基1-丙醇、3-甲基1-丁醇、2-甲基1-丁醇、2,3-丁二醇、1-己醇、1-辛醇、1-癸醇和苯乙醇，其中3-甲基1-丁醇是含量最高的醇类物质，在“富士”苹果酒中的含量为(7.21 ± 0.25) mg/L。此外，我们在“富士”苹果酒中还检测到辛酸和己酸两种挥发性脂肪酸，含量分别为(0.56 ± 0.03) mg/L，(0.11 ± 0.01) mg/L。壬烯-1-烯是“富士”苹果酒中检测出来的唯一一种萜烯类物质，在苹果酒中的含量为(0.01 ± 0.01) mg/L。

**表5.7 “富士”苹果酒的主要挥发性成分**

| 组分名称 | 鉴定方法 | 浓度(mg/L) |
|---|---|---|
| 酸 | | |
| 辛酸 | MS,LRI | 0.56 ± 0.03 |
| 己酸 | MS,LRI | 0.11 ± 0.01 |
| 小计 | | 0.67 |
| 醇 | | |
| 1-丙醇 | MS,LRI | 0.64 ± 0.01 |
| 2-甲基1-丙醇 | MS,LRI | 1.16 ± 0.02 |
| 3-甲基1-丁醇 | MS,LRI | 7.21 ± 0.25 |
| 2-甲基1-丁醇 | MS,LRI | 2.26 ± 0.17 |

续表

| 组分名称 | 鉴定方法 | 浓度(mg/L) |
| --- | --- | --- |
| 2,3-丁二醇 | MS,LRI | 0.13±0.02 |
| 1-己醇 | MS,LRI | 0.48±0.05 |
| 1-辛醇 | MS,LRI | 0.07±0.01 |
| 1-癸醇 | MS,LRI | 0.10±0.03 |
| 苯乙醇 | MS,LRI | 0.53±0.01 |
| 小计 | | 12.59 |
| 酯 | | |
| 乙酸乙酯 | MS,LRI | 22.41±0.68 |
| 丙酸乙酯 | MS,LRI | 0.06±0.02 |
| 乙酸异丁酯 | MS,LRI | 0.03±0.01 |
| 丁酸乙酯 | MS,LRI | 0.21±0.05 |
| 乳酸乙酯 | MS,LRI | 1.40±0.10 |
| 3-甲基乙酸丁酯 | MS,LRI | 1.98±0.26 |
| 2-甲基乙酸丁酯 | MS,LRI | 0.18±0.03 |
| 己酸甲酯 | MS,LRI | 0.04±0.01 |
| 己酸乙酯 | MS,LRI | 2.43±0.08 |
| 乙酸己酯 | MS,LRI | 1.55±0.05 |
| 庚酸乙酯 | MS,LRI | 0.03±0.01 |
| 苯甲酸乙酯 | MS,LRI | 0.06±0.01 |
| 辛酸乙酯 | MS,LRI | 3.92±0.35 |
| 3,7-二甲基丙酸乙酯 | MS,LRI | 0.03±0.01 |
| 2-甲基丁酸己酯 | MS,LRI | 0.04±0.01 |
| 苯乙酸乙酯 | MS,LRI | 0.09±0.02 |
| 乙酸 2-苯乙酯 | MS,LRI | 0.04±0.01 |
| 癸酸甲酯 | MS,LRI | 0.02±0.01 |
| 9-癸烯酸乙酯 | MS,LRI | 0.12±0.05 |
| 癸酸乙酯 | MS,LRI | 2.11±0.11 |
| 壬酸戊酯 | MS,LRI | 0.06±0.02 |
| 月桂酸乙酯 | MS,LRI | 0.34±0.06 |

续表

| 组分名称 | 鉴定方法 | 浓度(mg/L) |
|---|---|---|
| 小计 | | 37.12 |
| 萜烯类 | | |
| 壬烯-1-烯 | MS,LRI | 0.01±0.01 |
| 小计 | | 0.01 |
| 总计 Total | | 50.39 |

### 5.3.2.3　总酚、类黄酮及抗氧化能力分析

“富士”苹果汁和苹果酒中总酚、类黄酮含量及抗氧化能力如表 5.8 所示，从表中可以看出，“富士”苹果汁中总酚的含量为(423.72±20.04) mg GAE/L，经过发酵后其含量略有降低，在苹果酒中的含量为(410.55±14.11) mg GAE/L。苹果汁中类黄酮的含量为(160.31±19.27) mg RE/L，经过发酵后苹果酒中类黄酮含量略有升高，为(182.79±8.53) mg RE/L。与苹果汁相比，经过发酵后，苹果酒的抗氧化能力(DPPH，ABTS，FRAP)也出现了升高的趋势，分别为(2271.62±49.11) μmol TE/L，(4020.1±73.25) μmol TE/L，(2601.73±66.42) μmol TE/L。

表 5.8　“富士”苹果汁和苹果酒的总酚、类黄酮及抗氧化能力

| 样品 | 总酚 (mg GAE/L) | 类黄酮 (mg RE/L) | DPPH (μmol TE/L) | ABTS (μmol TE/L) | FRAP (μmol TE/L) |
|---|---|---|---|---|---|
| 苹果汁 | 423.72±20.04 | 160.31±19.27 | 2150.33±70.46 | 3800.79±100.42 | 2423.16±75.17 |
| 苹果酒 | 410.55±14.11 | 182.79±8.53 | 2271.62±49.11 | 4020.1±73.25 | 2601.73±66.42 |

### 5.3.2.4　主要酚类成分分析

苹果酒中的酚类物质的组成及含量对苹果酒的感官及抗氧化能力有着重要的作用，在“富士”苹果汁和苹果酒中，共对 13 种主要酚类物质进行了定性和定量分析，结果如表 5.9 所示。这 13 种酚类物质分别为原花青素 $B_2$、表儿茶素、芦丁、根皮苷、槲皮素、异槲皮苷、金丝桃苷、绿原酸、肉桂酸、香豆素、阿魏酸、丁香酸和没食子酸。

酚酸类物质是苹果汁和苹果酒中的一类主要酚类物质，其中绿原酸在苹果汁中的含量最高为(16.62±0.72) mg/L，但经过发酵后其含量显著降低，最终在苹果酒中的含量为(9.78±0.11) mg/L。没食子酸、阿魏酸、香豆素、肉桂酸在苹果汁中的含量分别为(6.15±0.52) mg/L，(1.71±0.05) mg/L，(0.81±

0.02) mg/L,(0.38±0.04) mg/L,它们在发酵后均出现了升高的现象,在苹果酒中的含量分别为(8.62±0.37) mg/L,(1.94±0.03) mg/L,(1.12±0.05) mg/L,(0.57±0.06) mg/L,而丁香酸在苹果汁中的含量最低,为(0.37±0.03) mg/L,经过发酵后在苹果酒中的含量降低,为(0.19±0.05) mg/L。

表儿茶素是苹果汁中的主要类黄酮物质,含量为(10.72±0.42) mg/L,接下来依次是原花青素 $B_2$、芦丁、根皮苷、槲皮素、异槲皮苷、金丝桃苷、含量分别为(8.63±0.38) mg/L,(8.18±0.30) mg/L,(5.82±0.12) mg/L,(3.12±0.11) mg/L,(1.03±0.24) mg/L,(0.75±0.05) mg/L。经过发酵后,它们的含量均大幅度降低,在苹果酒中的含量分别为(1.31±0.05) mg/L,(6.50±0.44) mg/L,(1.97±0.03) mg/L,(2.05±0.06) mg/L,(0.46±0.03) mg/L,(0.22±0.01) mg/L。

**表5.9 "富士"苹果汁和苹果酒的主要酚类成分分析**

| 酚类组分 | 相应组分含量(mg/L) | |
|---|---|---|
| | 苹果汁 | 苹果酒 |
| 原花青素 $B_2$ | 8.63±0.38 | 1.31±0.05 |
| 表儿茶素 | 10.72±0.42 | 1.35±0.21 |
| 芦丁 | 8.18±0.30 | 6.50±0.44 |
| 根皮苷 | 5.82±0.12 | 1.97±0.03 |
| 槲皮素 | 3.12±0.11 | 2.05±0.06 |
| 异槲皮苷 | 1.03±0.24 | 0.46±0.03 |
| 金丝桃苷 | 0.75±0.05 | 0.22±0.01 |
| 绿原酸 | 16.62±0.72 | 9.78±0.11 |
| 肉桂酸 | 0.38±0.04 | 0.57±0.06 |
| 香豆素 | 0.81±0.02 | 1.12±0.05 |
| 阿魏酸 | 1.71±0.05 | 1.94±0.03 |
| 丁香酸 | 0.37±0.03 | 0.19±0.05 |
| 没食子酸 | 6.15±0.52 | 8.62±0.37 |

## 5.3.3 感官评定

按照5.2.9节描述的方法对"美红"苹果酒和"富士"苹果酒进行感官评定分析,结果如表5.10所示。从表中可以看出,"美红"苹果酒的分值较高,整体得分高达85分，其中外观18分，香气24分，口感35分，典型性8分，这说明以“美红”是酿造高品质苹果酒的良好原料。以鲜食苹果“富士”为原料酿造的苹果酒整体感官得分为78分，不适合用来酿造高品质的苹果酒。

表5.10 “美红”苹果酒和“富士”苹果酒的感官分析

| 评分项 | “美红”苹果酒 | | “富士”苹果酒 | |
|---|---|---|---|---|
| | 描述 | 得分 | 描述 | 得分 |
| 外观(20) | 粉红色，澄清透亮 | 18 | 金黄色，澄清透亮 | 16 |
| 香气(30) | 具典型的果香、花香，醇香协调 | 24 | 花香、果香浓郁，醇香突出 | 24 |
| 口感(40) | 入口清爽，酒体圆润，结构感强，余味悠长 | 35 | 入口平淡，结构感较弱，酒体协调，口中留香时间较短 | 32 |
| 典型性(10) | 具有明确的品种和酒种的典型性，风格突出 | 8 | 有典型性，但欠雅致 | 6 |
| 总评分(100) | | 85 | | 78 |

## 5.4 红肉苹果的酿酒特性分析

### 5.4.1 发酵对红肉苹果酒的主要化学成分及抗氧化能力的影响

苹果酒是以新鲜苹果汁或浓缩苹果汁为原料在微生物(主要是酿酒酵母)的作用下发酵生成的一种果酒，其质量主要取决于酒精、糖、酸和酚类物质的含量以及香气。微生物的种类及数量的变化对于苹果酒发酵过程的控制非常重要，直接影响最终苹果酒的质量。我们发现在共接种过程中，酵母菌的数量在早期有减少的趋势，这可能与 *O. oeni* 的持续生长有关，细菌消耗了酵母生长所需的营养或产生酵母生长抑制剂。乙酸是公认的抑制酿酒酵母生长的物质(Narendranath et al,2001)。事实上，与仅接种酵母的对照组相比，SEQ组和SIM组的醋酸含量均显著增加。随着乙酸含量的增加，酵母通过ATP通道维持pH值的稳态，从而导致细胞生物量的减少(Narendranath et al,2001)。从

不同发酵模式中 *O. oeni* 细胞的数量的变化可以看出，*O. oeni* 在SIM中的适应速度较SEQ快，这是SEQ中酿酒酵母引起酒精浓度的增加导致的。无论采用何种接种方法，与商业化的 *O. oeni* 1 菌株相比，本土 *O. oeni* PG-16 菌株能更快地适应红肉苹果酒的酿造。从不同苹果酒中固形物含量的动态变化可以看出，第2天开始，糖便开始被快速利用直到发酵结束，这与酿酒酵母的生长动力学直接相关，酿酒酵母的细胞数在第2天达到最大。我们还发现，与对照组相比，MLF后苹果酒的pH值增加了0.1～0.3，这主要是由于L-苹果酸的降解导致了pH值的升高。从不同苹果酒中苹果酸含量的动态变化曲线可以看出，与SIM相比，SEQ拥有较长的发酵周期，这主要是因为其苹果酸消耗速度比SIM中慢得多。

苹果酒的发酵过程实际上是苹果中的糖在微生物(主要为酿酒酵母)的作用下转化生成酒精的过程。苹果中的糖包含多种组分，主要有葡萄糖、果糖、蔗糖等。不同苹果酒中糖组分的含量不同，其消耗模式主要与微生物的消耗速率以及AF完成后酵母与 *O. oeni* 之间的相互作用有关。由糖最终代谢生成的酒精含量在AF和MLF产生的苹果酒之间没有显著差异，这一结果得到了Taniasuri等(2016)研究结果的支持。

有机酸是苹果酒中的主要化学成分，根据不同苹果酒中有机酸的含量，我们发现细菌接种的时间对发酵液中有机酸的浓度有很大的影响。MLF后苹果酸含量显著降低，PG-16获得的苹果酒的苹果酸含量降低幅度较商品 *O. oeni* 1 大。这些结果表明，与商业 *O. oeni* 菌株相比，本土 *O. oeni* PG-16 菌株具有更强的L-苹果酸降解能力。MLF的效率与 *O. oeni* 的细胞数量和苹果酸乳酸酶的活性直接相关。需要强调的是，*O. oeni* 只能利用L-苹果酸，不能利用D-苹果酸，这也是 *O. oeni* 不能完全将苹果酸转化为乳酸的原因。同时，我们还发现对照组的苹果酸在发酵过程也出现了减少的现象，这可能与酿酒酵母的代谢有关，即一些酿酒酵母菌株也能代谢3%～45%(w/v)的L-苹果酸(Rankine，1966)。在SEQ和SIM苹果酒中，乳酸含量均显著高于对照组。MLF后乳酸的产生可能与发酵本身有关。此外，*O. oeni* 还通过糖的异源代谢和柠檬酸代谢产生乳酸(Swiegers et al，2005)。L-苹果酸转化为L-乳酸将对成品苹果酒的质量产生重大影响，因为酸度降低会改善苹果酒的口感(Ugliano and Moio，2005)。SIM和SEQ苹果酒中的乙酸含量均显著增加。*O. oeni* 可以通过异源发酵糖代谢或柠檬酸代谢生成乙酸(Bartowsky and Henschke，2004)。在我们的研究中，SIM苹果酒中的乙酸浓度高于SEQ苹果酒中的乙酸浓度，但没有发现统计学上的显著差异。乙酸在发酵过程中起着重要作用，因为它可以用作乙酰辅酶A生产果味缩醛的底物(Swiegers et al，2005)。因此，与对照组相比，具有较高乙酸含量的SIM和SEQ苹果酒中产生较高浓度的乙酸酯。在AF后观察到了琥珀酸含量的增加。琥珀酸主要由酵母代谢产生(Heerde and Radler，1978)，但也可以由 *O. oeni* 从α-酮戊二酸产生(Zhang and Ganzle，2010)。然而，在我们的研究中，发酵过程中的琥珀酸浓度在AF后升高，在MLF后降低。这可能是由于琥珀酸转化成为富马酸或苹果酸，或琥珀酸由 *O. oeni* 在SEQ和SIM生中代谢产生相应的酯。琥珀酸具有不同寻常的苦味和咸味(Coulter et al，2004)，因此，通过发酵将其含量降低可以提高苹果酒的质量。我们还发现，在所有发酵模式中，酒石酸的含量出现了降低的趋势，这可能是由于酒石酸生成酒石酸氢钾沉淀或被 *O. oeni* 降解(李华等，2005)。另外，草酸含量出现了增加的现象，这可能是由于乙酰乙酸的生化降解或苹果果浆中草酸的释放造成的。并且SIM获得的苹果酒和SEQ获得的苹果酒之间无显著性差异($p<0.05$)，结果表明，SIM法与传统SEQ法相比，对苹果酒的化学成分并没有不良影响。

采用HS-SPME-GC-MS/FID对不同苹果酒中挥发性物质的含量进行分析后，我们发现，与对照组相比，MLF获得苹果酒中挥发性的物质的含量大大增加，并且SIM苹果酒中挥发性物质的含量较SEQ苹果酒高，这一结论得到了先前研究者的支持(Chen and Liu，2016；Tristezza et al，2016)，他们报道说苹果酸乳酸发酵可以增强葡萄酒的香气。对不同苹果酒中的四种挥发性脂肪酸含量的测定后，我们发现除辛酸外，MLF后的苹果酒中脂肪酸的含量高于对照组苹果酒。这一结果得到了Cañas的支持，与Pozo Bayón的结果部分一致。前者研究发现，除了辛酸之外，大多数挥发性脂肪酸在葡萄酒自发MLF过程中都会增加(Cañas et al，2008)，而Pozo Bayón课题组报告称在MLF过程中除癸酸外，辛酸和己酸含量均有增加(Pozo Bayón et al，2005)。此外，在我们的研究中还发现，SEQ获得的苹果酒样品中，除己酸外，所有挥发性脂肪酸的含量均低于SIM，这与Chen和Liu(2016)的研究结果部分一致，但与Taniasuri等(2016)的结果不一致。前者报道了己酸、辛酸和癸酸的浓度在酿酒酵母和乳酸菌在共发酵模式中较高。而后者则报道，除己酸外，从SIM获得的样品中脂肪酸的含量均低于从SEQ获得的样品。但值得注意的是，无论在何种接种方式下，总脂肪酸的浓度均低于20 mg/L。据报道，高浓度的这些化合物将对葡萄酒的最终香气产生负面影响(Shinohara，1985；Miranda-Lo'pez et al，1992)。我们的研究结果和前人的观察结果表明，MLF过程中挥发性脂肪酸浓度的变化取决于选用的 *O. oeni* 菌株和原材料。

在红肉苹果酒中，酯类是最具特色的挥发性组分，对其香气有着显著的贡献。经过MLF后，酯类物质的含量可能根据乳酸菌的酯酶活性而增加或减少

(Pérezmartin et al,2013)。与SEQ相比,SIM导致几乎所有酯的含量都有较大的增加。这些结果与Ugliano和Moio(2005)的研究结果一致。特别是,与仅有酿酒酵母接种的对照组相比,SIM苹果酒中乳酸乙酯的含量增加了260%～340%,这可能与MLF后产生的大量乳酸有关。乳酸乙酯可以为苹果酒带来果香和乳香,但它的气味检测阈值相对较高(约为14 mg/L;Francis and Newton,2005),因此对葡萄酒香气的影响小于乙酸乙酯。在相同接种方式下,用*O. oeni* PG-16生产的苹果酒比用*O. oeni* 1菌株生产的苹果酒含有更多的乙酸酯,尤其在SIM发酵时这种差异尤其明显。因此,使用SIM/PG-16生产的苹果酒在果味和口感方面得分最高。乙酸苯乙酯具有愉悦的玫瑰花香,是所有苹果酒中唯一减少的酯类化合物。

苹果酒中2,3-丁二醇的含量分析表明*O. oeni*可以降解双乙酰。双乙酰被认为是由*O. oeni*在MLF过程中通过柠檬酸代谢产生的,当它的含量在5～7 mg/L时,对葡萄酒的香气和感官品质有着积极的贡献(Bartowsky and Henschke,2004)。然而,当双乙酰含量高于此范围时,则会产生相反的效果。与对照组相比,MLF后的苹果酒中2,3-丁二醇的含量显著升高(55%～78%),但乙酰乙酸的含量未被检测到。这一发现与Knoll等(2011)的研究结果一致。双乙酰还原为2,3-丁二醇取决于葡萄酒的氧化还原电位以及双乙酰还原酶和乙酰胆碱酯酶还原酶的活性(Nielsen and Richelieu,1999)。经过发酵后,MLF获得的苹果酒中检测到的萜烯类化合物含量比在AF获得苹果酒中高。萜烯类化合物含量的增加可能是由于*O. oeni*中β-葡萄糖苷酶的活性,以及MLF期间酸的作用。萜类化合物是红肉苹果酒中果香和花香的主要成分。我们的结果得到了D'Incco等(2004)研究结果的支持。与对照酒相比,使用SEQ生产的苹果酒中芳樟醇和香茅醇的含量最高,而使用SIM生产的苹果酒中α-法尼烯的含量最高,这些结果与Knoll等(2012)的观点不一致。他们研究发现,经过SIM发酵后,芳樟醇含量增加更多。

苹果酒中的酚类物质主要包括两大类,一类是中性酚(类黄酮),一类是酸性酚(酚酸)。这些多酚类物质来源于苹果,在苹果被加工(压榨和发酵)的过程中发生了巨大的变化(Ibrahim et al,2011; Oszmiański et al,2011),它们一方面抑制微生物的生长,另一方面又参与发酵的过程,被微生物所利用,增加苹果酒的香气。除此之外,苹果酒中的酚类物质还可以与苹果酒中的蛋白质相互作用增加胶体的稳定性(Kawamoto,1997)。本研究发现红肉苹果酒经过苹果酸乳酸发酵后,使得苹果酒中的总酚和花青苷的含量降低,类黄酮的含量升高,使得不同的发酵模式获得苹果酒的抗氧化能力(DPPH,ABTS和FRAP)也发生了变化。这一结果与先前报道的结果相似(Cáceres-Mella et al,2014)。在进行苹果酸乳酸发酵的苹果酒中，采用SEQ/PG-16获得的苹果酒中的类黄酮含量最高，而花青苷含量最低，SIM/1获得的类黄酮含量最低而花青苷含量最高。红肉苹果酒中的花青苷主要有两个来源，一个是红肉苹果的果肉，另一个是果皮，经过苹果酸乳酸发酵后，花青苷的含量显著降低，并且共发酵获得花青苷含量较顺序发酵高。这一结果与Versari等(2016)的研究结果一致，他们证明了酒精发酵和苹果酸乳酸发酵无论是顺序发酵还是共发酵，均造成了葡萄酒花青苷含量的降低，且共接种大于顺序接种，这可能是丙酮酸和乙醛酸的生物降解影响了聚合色素的形成。另外，花青苷稳定性差，受$SO_2$、温度和pH等条件的影响，苹果酸乳酸发酵的过程伴随着pH值的升高，导致花青苷降解、络合和沉淀，这也会影响苹果酒中的花青苷含量。

本研究发现苹果酒中原花青素$B_2$、阿魏酸、肉桂酸含量显著低于对照组，其中，MLF后的苹果酒中原花青素$B_2$的含量显著降低，主要是因为苹果酒中原花青素$B_2$经过MLF后以低聚物的形式存在(Martínez-Pinilla et al，2012)，这可能是表儿茶素经过MLF发酵后显著升高的原因。其中原花青素为黄烷-3-醇的二聚体，而表儿茶素为黄-3-烷醇的单体。由于阿魏酸是芳香化合的前体物质，可被酒酒球菌降解生成香草醛(Kaur et al，2013)，造成了MLF后的苹果酒中阿魏酸含量的降低。肉桂酸作为羟基肉桂酸衍生物的前体物质，在苹果酒发酵的过程中被微生物代谢利用，造成其含量降低。本研究发现苹果酸乳酸发酵后的苹果酒中槲皮素含量的降低，并且共发酵获得的苹果酒中槲皮素的含量显著低于顺序发酵，这与Rodríguez-Bencomo等(2014)和Versari等(2016)的研究结果一致。此外，苹果酒中的酚类物质如黄烷醇、黄酮醇、绿原酸、阿魏酸等可以抑制酒酒球菌的生长，同时酒酒球菌可以通过降解酚类物质来提高葡萄酒的香气(García-Ruiz et al，2012；Kaur et al，2013；Bloem et al，2007)。在苹果酸乳酸发酵过程中，相同的接种条件下造成不同苹果酒中酚类物质含量的差异主要是乳酸菌的发酵性能不同造成的。相同菌株在不同接种模式下造成苹果酒中酚类物质含量的差异，可能是因为乳酸菌在不同接种模式下的代谢途径不同(共发酵中主要进行糖异源代谢和酸代谢；顺序发酵中主要进行酸代谢)或与酿酒酵母间的适应性造成的。

### 5.4.2 品种特性对苹果酒品质的影响

苹果原料是影响苹果酒质量的最大因素，俗话说“七分原料，三分酿造”，苹果的质量直接决定苹果酒的最终质量。研究表明，不同苹果品种中糖、有机酸等理化指标的成分及含量差别很大，但相同品种的苹果酒中各化学成分的含量同样受发酵条件的影响(顾雨非,2018;侯钰等,2013)。同时,相同的苹果品种中理化指标的组分和含量也受栽培条件、气候条件、收获年份及果实的成熟度的影响(顾雨非,2018; Watkins et al,2003)。Bars-Cortina 等(2018)也报道了收获时期降雨量的降低可以提高红肉苹果和白肉苹果果肉中总酚的含量,而最高温和最低温的差值越大,白肉苹果中黄酮醇、三萜类化合物和有机酸的含量越高。苹果酒中适量的有机酸可以给苹果酒带来爽利、清新的感觉,但含量过高却会给人带来粗糙、生硬的感觉,严重影响苹果酒的感官质量。由于苹果中的有机酸绝大多数是苹果酸(尖酸),因此,合理地控制苹果酒中有机酸的含量非常重要。与"富士"果汁相比,"美红"果汁中苹果酸的含量较高,"美红"苹果在经过 SIM/PG-16 发酵后,91.3%的苹果酸转化成为乳酸,后者为一种口感更柔和的酸,大大提高了红肉苹果酒的酸爽度和协调度。

酚类物质是苹果的次生代谢产物,直接影响苹果酒的颜色、苦味和涩味之间的平衡,决定着苹果酒的整体质量(Lea and Piggot,1995)。苹果酒中的酚类物质与苹果酒的抗氧化,抗癌细胞增殖及预防心脑血管疾病等功能密切相关(Hertog et al,1993; Dupont et al,2002),直接决定了苹果酒的营养品质。Lea(1990)也提出苹果酒中的多酚类物质可以与蛋白质结合增强胶体的稳定性。但不同苹果品种中酚类物质的种类及含量具有显著差异(Malec et al,2014; Li et al,2020; Tsao et al,2003)。Zuo 等(2018)也报道了红肉苹果发酵 8 天可以彻底完成糖向醇的转化,并保留更多的营养成分。同时由于压榨的原因,一些酚类物质在压榨的过程中被氧化或者被吸附在果渣上,导致苹果汁中酚类物质的含量显著低于苹果(Delage et al,1991; Lea and Piggot,1995),并且果汁中的酚类物质主要来自果肉而并非果皮(Lea,1990)。单宁和可滴定酸含量是评价酿酒专用苹果的重要指标(聂继云等,2007),但目前我国仍未出现专门用于的酿酒苹果品种。本书中选用的红肉苹果含有大量的酚类物质,且发酵获得的红肉苹果酒中花青苷和其他酚类物质的含量显著高于"富士"苹果酒,通过感官评定未发现明显异味,且大大提高了苹果酒的外观品质和酒体的结构感。与我们研究结果一致的是,曹铭(2015)也报道了"富士"苹果由于单宁含量低,不是酿造高品质苹果酒的理想原料。此外,"美红"苹果酒的抗氧化能力显著高于"富士"苹果酒,这说明"美红"苹果酒具有更高的营养品质。

香气是评价苹果果实及苹果酒的重要指标,苹果酒中的香气共分为三大类,一是品种香气,二是发酵香气,三是陈酿香气。苹果酒的品种香气来源于苹果果实,是决定苹果酒典型性的一个重要指标。刘静轩等(2017b)也证实了不同苹果品种的香气成分和含量具有显著差异。因此,用香气含量高的苹果为原料,便于酿出果香浓郁的苹果酒。此外,苹果酒中的酚类物质对苹果酒的香气也非常重要，它可以作为代谢物参与发酵过程，为苹果酒提供香气物质，并作为微生物的抑制剂来控制发酵进程和苹果酒的腐败(Cowan，1999)。酚类物质含量的测定结果表明，与“富士”相比，“美红”苹果经过发酵后，酚类物质的含量大大降低，说明大量的酚类物质可能作为代谢物被微生物代谢，产生发酵香气，提高苹果酒的香气质量。挥发性成分分析结果表明，经过SIM/PG-16发酵后，“美红”苹果酒中各类挥发性成分(醇类物质量除外)的含量较“富士”苹果酒高，这些成分对提高苹果酒的香气质量非常重要。结合感官评定结果，我们认为红肉苹果可作为高品质苹果酒的加工原料，这对于提高红肉苹果的科技附加值，延长苹果产业链具有非常重要的意义。

## 本章小结

苹果酒的组成和感官质量直接影响到苹果酒的最终质量，是选择合适的发酵菌种和接种方式的重要依据。本研究以本土生长的*O. oeni* PG-16菌株为试验材料，研究了SEQ和SIM在红肉苹果酒生产中的应用，并与商业*O. oeni* 1菌株进行了比较。与*O. oeni* 1相比，在MLF中使用*O. oeni* PG-16可大大缩短发酵时间，且对苹果酒的感官品质无不良影响。当使用SIM时，这种效果尤其明显。对两种*O. oeni* 1菌株的化学分析和感官评价结果表明，这两种菌株都能改善苹果酒的最终质量，其中使用SIM/PG-16生产的苹果酒感官得分最高。因此，同时接种酿酒酵母Excellent XR和*O. oeni* PG-16是提高红肉苹果酒品质的有效工具。未来的研究应该调查*O. oeni* PG-16在工业规模酸造苹果酒中的表现，以及这种发酵方法生产其他类型苹果酒的适宜性。

在本章描述的共接种发酵模式下，“美红”苹果酒中总酚、类黄酮、花青苷、酚类物质组分的含量及抗氧化能力显著均高于“富士”，同时感官评定结果表明，与“富士”苹果酒相比，用红肉苹果“美红”为原料酿造的苹果酒得分较高，外观呈动人的粉红色调，澄清透亮；具有典型的花香和果香，醇香协调；入口清爽，酒体圆润，结构感强，口中留香时间较长，具有明确的品种和酒种的典型性，风格突出。这表明红肉苹果“美红”是酿造高品质苹果酒的良好原料。

# 附录1 中英文名称与缩写对照表

| 缩写 | 英文名称 | 中文名称 |
| --- | --- | --- |
| ABAP | 2，2′-azobis-amidinopropane | 2，2′-偶氮双酰胺丙烷 |
| ABTS | 2，2′-azino-bis(3-ethylbenzothiazoline-6-sulfonic acid) | 2，2′-联氮双(3-乙基苯并噻啉-6-磺酸)二铵盐 |
| AF | alcohol fermentation | 酒精发酵 |
| AFP | apple fleshpolyphenolic | 苹果果肉多酚 |
| APP | apple peelpolyphenolic | 苹果果皮多酚 |
| BSA | albumin from bovine serum | 牛血清蛋白 |
| CAA | cellular antioxidant activity | 细胞抗氧化活性 |
| Caspase | cysteinyl aspartate specific proteinase | 含半胱氧酸的天冬氧酸蛋白水解酶 |
| CDK | cyclin-dependent protein Kinases | 周期蛋白依赖性蛋白激酶 |
| CE | catechin equivalent | 儿茶素当量 |
| CFU | colony-forming units | 菌落形成单位 |
| Cy-3-G | cyanidin 3-O-β-glucopyranoside | 花青素 3-O-β-葡萄糖苷 |
| Cyt C | cytochrome C | 细胞色素 C |
| DCFH-DA | dichlorofluorescindiacetate | 2′，7′-二氯二氢荧光素二乙酯 |
| $ddH_2O$ | distilled and deionized water | 重蒸水 |
| DMACA | 4-dimethylaminocinnamaldehyde | 4-二甲基氨基肉桂醛 |
| DMEM | dulbecco’s modified Eagle’s medium | 达尔伯克(氏)必需基本培养基 |
| DMSO | dimethyl sulphoxide | 二甲基亚砜 |
| DW | dry weight | 干重 |

续表

| 缩写 | 英文名称 | 中文名称 |
|---|---|---|
| DPPH | 2，2-diphenyl-1-picrylhydrazyl | 1，1-二苯基-2-苦肼基 |
| $EC_{50}$ | concentration for 50% of maximal effect | 半数效应浓度 |
| EDTA | ethylene diaminetetraacetic acid | 乙二胺四乙酸 |
| FID | flame Ionization detector | 火焰离子检测器 |
| Fu | fluorouracil | 氟尿嘧啶 |
| GAE | gallic acid equivalent | 没食子酸当量 |
| GC-MS | gas chromatography-mass spectrometry | 气相色谱-质谱法联用 |
| GSH | glutathione | 谷胱甘肽 |
| HBSS | Hanks' balanced salt solution | Hanks 平衡盐溶液 |
| HS-SPME | headspace solid-phase microextraction | 顶空固相微萃取 |
| $IC_{50}$ | concentration for 50% of inhibitory | 半数抑制浓度 |
| IS | internal standard | 内标 |
| LAB | lactic acid bacteria | 乳酸菌 |
| MLF | malolactic fermentation | 苹果酸乳酸发酵 |
| MTT | 3-(4，5-dimethyl-2-thiazolyl)-2，5-diphenyl-2-H-tetrazolium bromide | 噻唑蓝 |
| OAV | odor activity value | 气味活性值 |
| OD | optical density | 光密度 |
| PBS | phosphate buffer solution | 磷酸盐缓冲液 |
| PCA | principal component analysis | 主成分分析 |
| PCR | polymerase chain reaction | 聚合酶链式反应 |
| pH | pondus hydrogenii | 氢氧离子浓度指数 |
| PI | propidium Iodide | 碘化丙啶 |
| PMSF | phenylmethanesulfonyl fluoride | 苯甲基磺酰氟 |
| PVDF | polyvinylidene Fluoride | 聚偏二氟乙烯膜 |
| QE | quercetin equivalents | 槲皮素当量 |
| RE | rutin equivalent | 芦丁当量 |
| ROS | reactive oxygen species | 活性氧 |
| SEQ | sequential MLF | 顺序 MLF 发酵 |

续表

| 缩写 | 英文名称 | 中文名称 |
| --- | --- | --- |
| SIM | simultaneous MLF | 共 MLF 发酵 |
| SD | standard deviation | 标准差 |
| SDS | sodium dodecyl sulfate | 十二烷基硫酸钠 |
| SPME | solid-phase micro-extraction | 固相微萃取 |
| TAC | total anthocyanin content | 总花青苷含量 |
| TBST | Tween 20 and Tris-buffered saline | 加吐温-20 的 Tris 盐酸缓冲夜 |
| TE | trolox equivalent | 水溶性维生素 E 当量 |
| TFs | transcription Factors | 转录因子 |
| TFAC | total flavanol content | 总黄烷醇含量 |
| TFC | total flavonoid content | 总黄酮含量 |
| TPC | total phenolics contents | 总酚含量 |
| TPTZ | 2,4,6-tri (2-pyridyl)-s-triazine | 三吡啶基三嗪 |
| UPLC-MS/MS | ultraperformance liquid chromatography coupled to tandem mass spectrometry | 超高效液相色谱－串联质谱联用 |

# 附录2　红肉“美红”果皮及类黄酮标准的色谱图

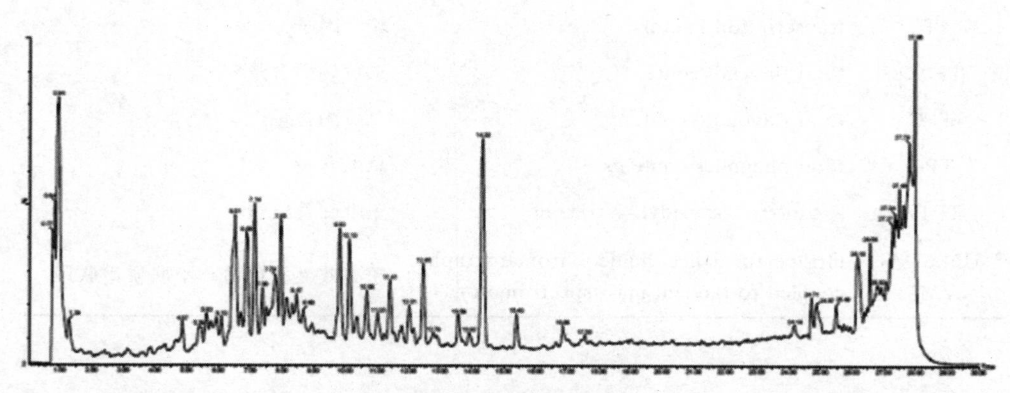

附图1　红肉苹果“美红”果皮化学提取液负离子模式下的 UPLC-MS/MS 色谱图

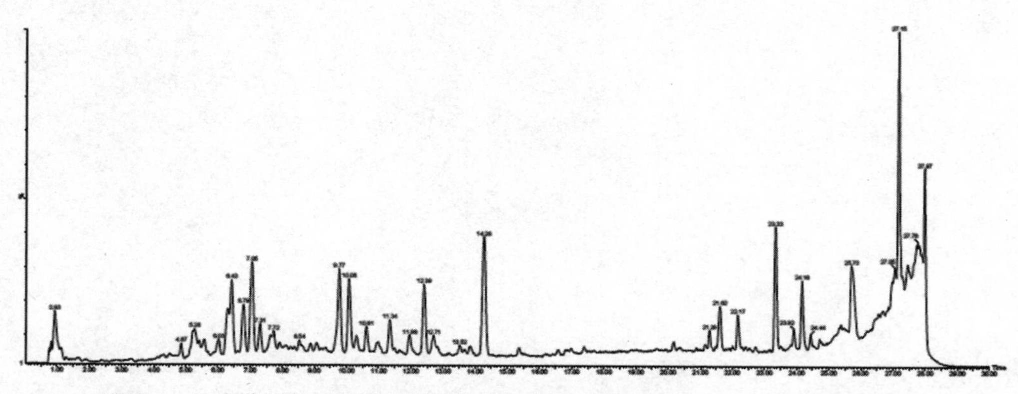

附图2　红肉苹果“美红”果皮模拟消化液负离子模式下的 UPLC-MS/MS 色谱图

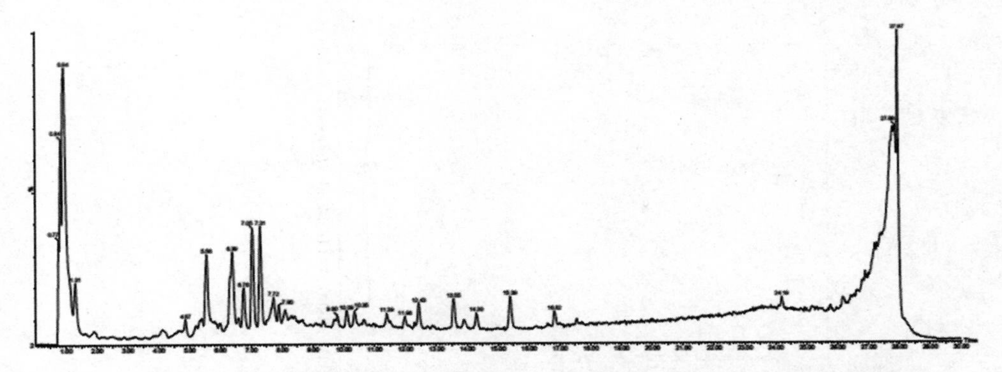

附图 3　红肉苹果"美红"果肉化学提取液负离子模式下的 UPLC-MS/MS 色谱图

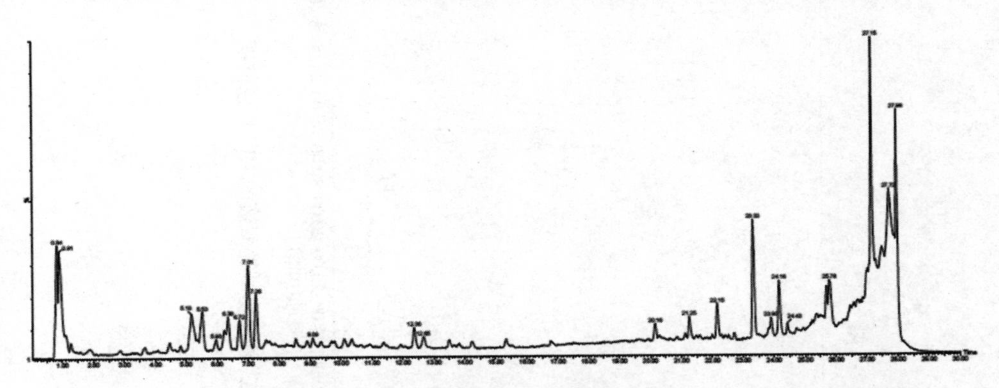

附图 4　红肉苹果"美红"果肉模拟消化液负离子模式下的 UPLC-MS/MS 色谱图

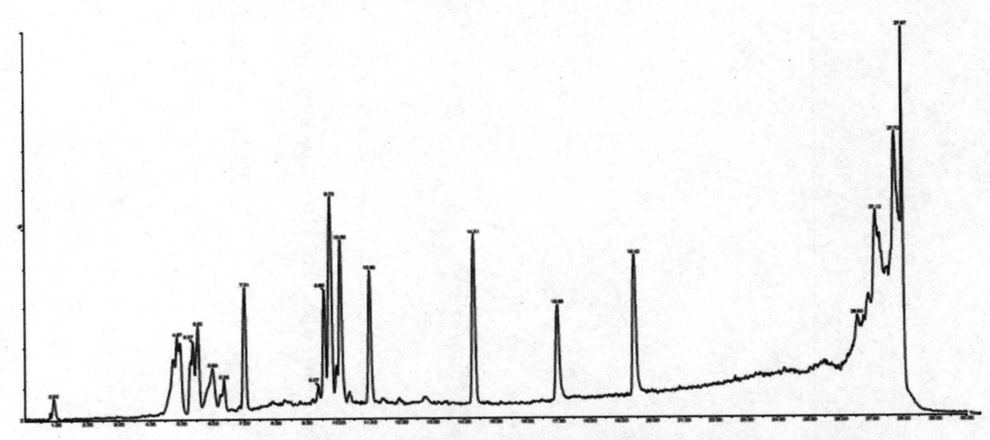

附图 5　不同类黄酮标准品混合液在负离子模式下的 UPLC-MS/MS 色谱图

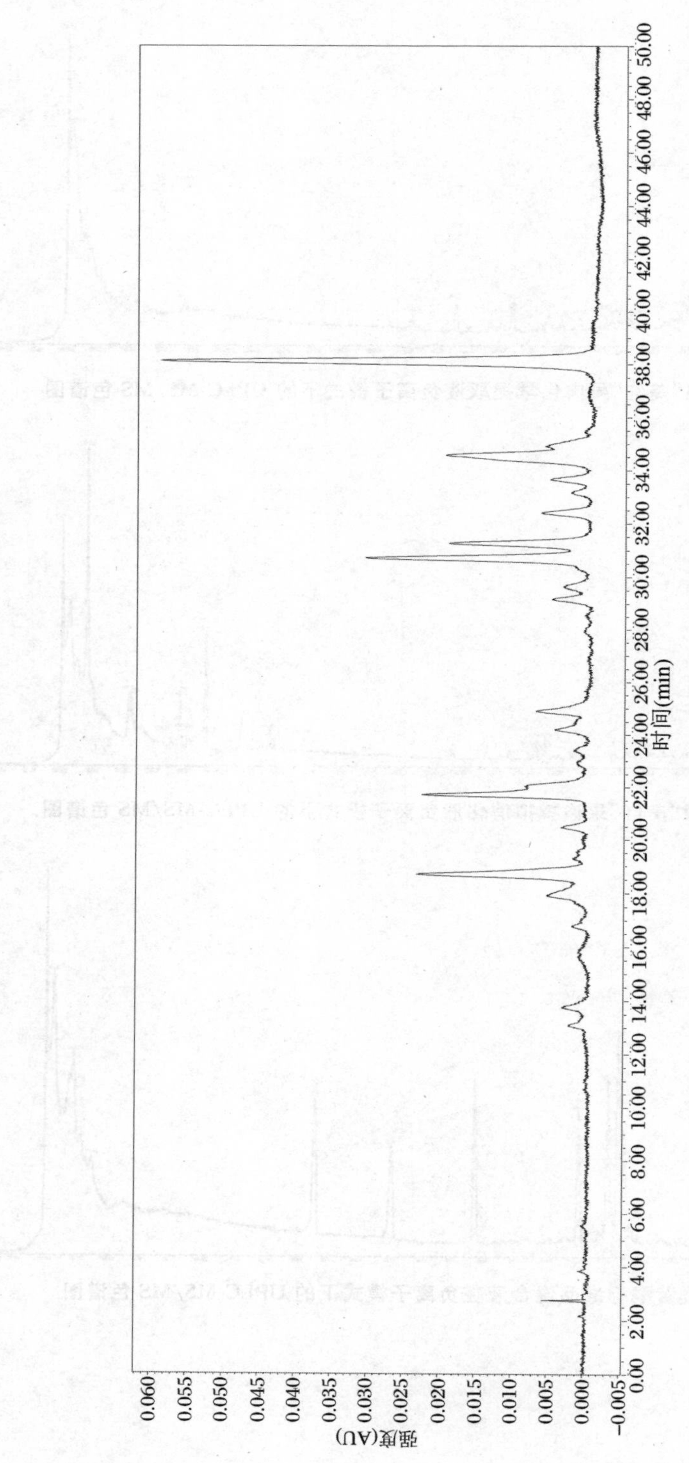


附图 6　红肉苹果"美红"果皮化学提取液的 HPLC 色谱图

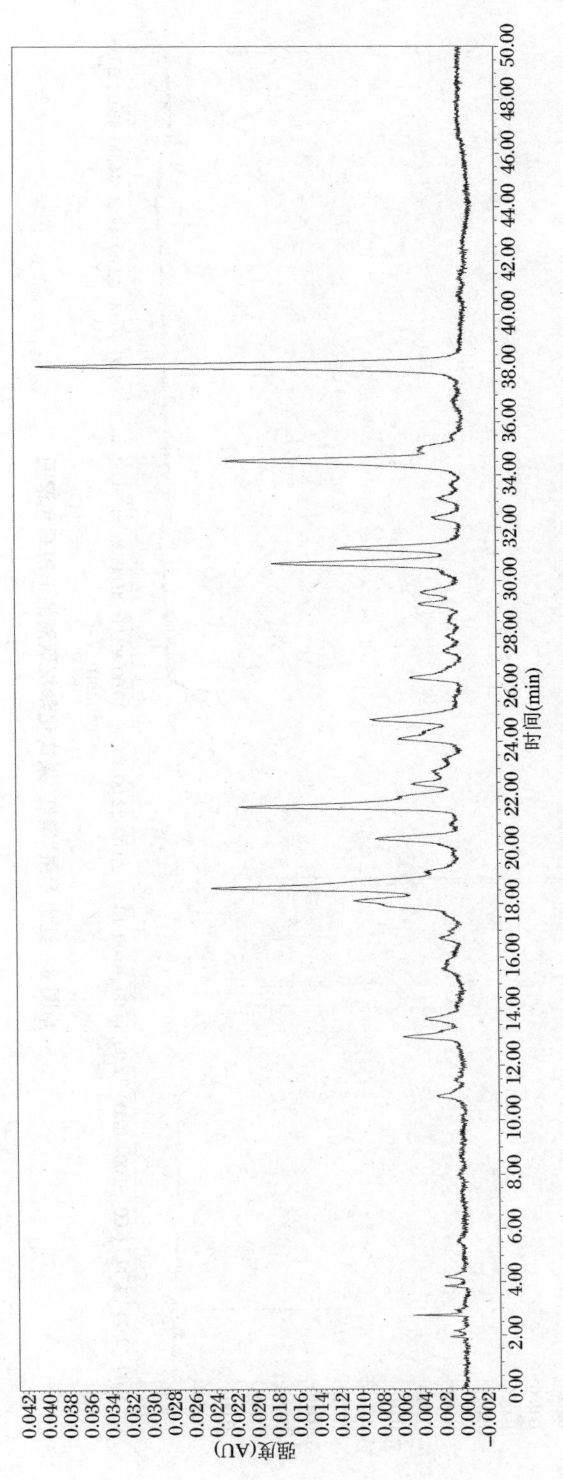


**附图 7　红肉苹果“美红”果皮模拟消化液的 HPLC 色谱图**

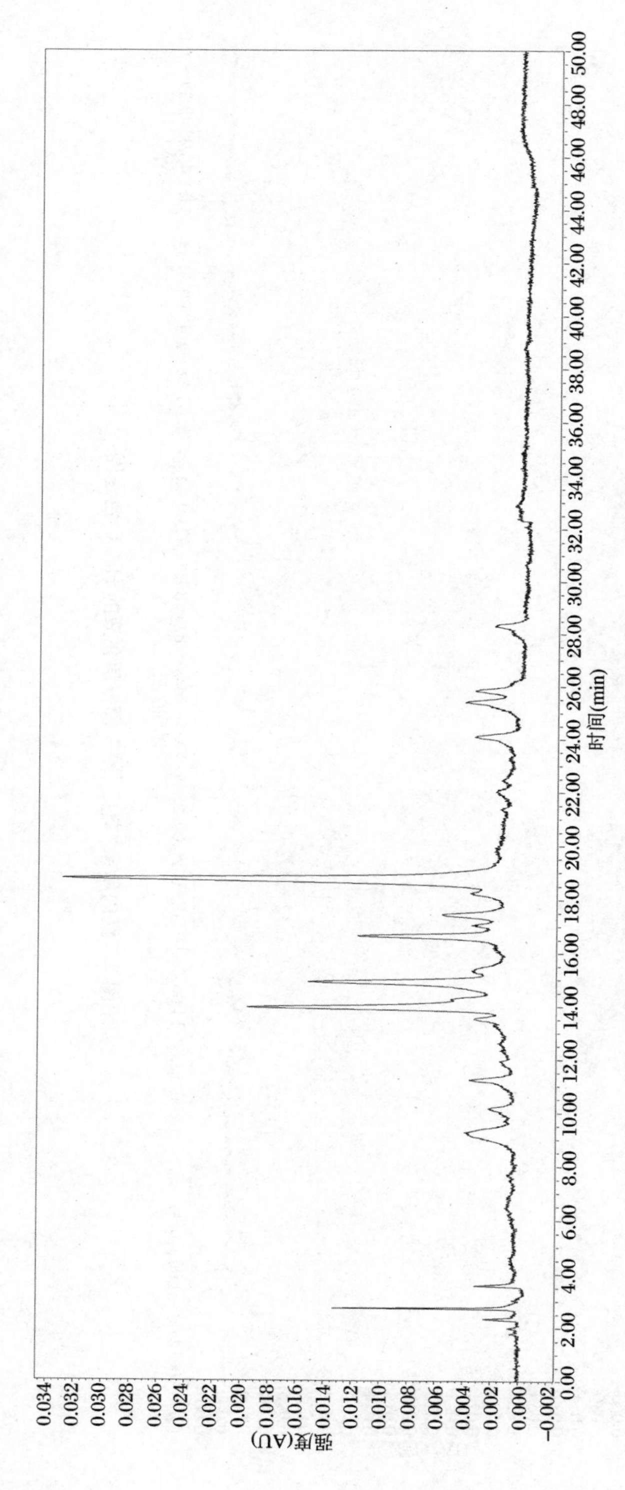


**附图 8　红肉苹果“美红”果肉化学提取液的 HPLC 色谱图**

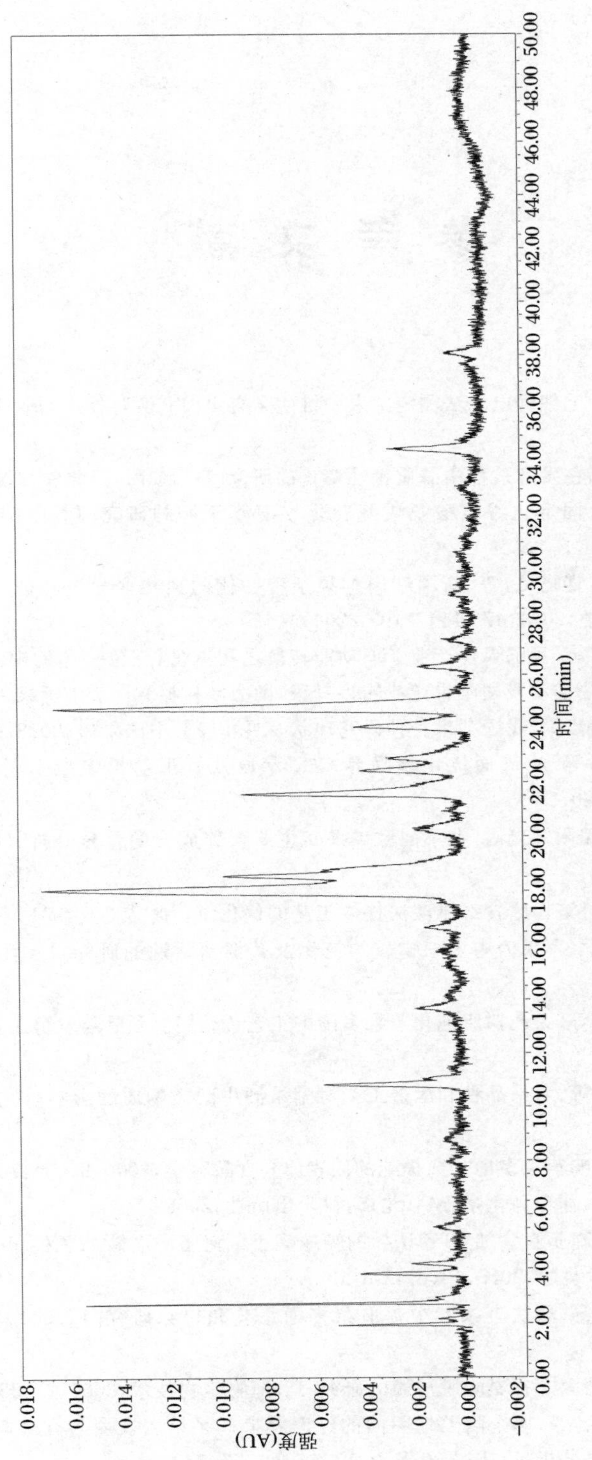


**附图9　红肉苹果“美红”果肉模拟消化液的 HPLC 色谱图**

# 参 考 文 献


曹慧，刘海兴，张玉宵. 毛细管电泳法测定苹果中维生素含量[J]. 实验技术与管理，2011，28(4)：31-32.

曹铭. 苹果酒和苹果醋在发酵过程中品质特性变化的研究[D]. 咸阳：西北农林科技大学，2015.

陈蔚青，陈虹，王芳权. 固定化谷氨酸脱羧酶转化 γ-氨基丁酸的研究[J]. 中国生化药物杂志，2007(4)：11-14.

陈学森，张晶，刘大亮，冀晓昊，等. 新疆红肉苹果杂种一代的遗传变异及功能型苹果优株评价[J]. 中国农业科学，2014，47 (11)：2193-2204.

陈学森，毛志泉，王楠，等. 我国果树产业新旧动能转换之我见Ⅲ：三位一体的中国式苹果宽行高干省力高效栽培法推动我国苹果产业转型升级，助力乡村振兴[J]. 中国果树，2019(4)：1-3.

丛佩华，张彩霞，韩晓蕾，等. 我国苹果育种研究现状及展望[J]. 中国果树，2018(6)：1-5.

顾仁勇，杨万根，余佶，等. 响应面优化超临界 $CO_2$ 萃取八月瓜幼果多酚工艺[J]. 食品科学，2015，36(10)：76-80.

顾雨非. 苹果新品种"瑞阳""瑞雪"在不同区域果实主要营养成分的差异分析[D]. 咸阳：西北农林科技大学，2018.

郭涵博，张航. 菠萝皮可溶性膳食纤维酸法提取工艺的优化[J]. 食品工业，2015，(9)：73-76.

郝少莉，陈小蒙，仇农学. 苹果渣中多酚物质的纯化及其抑菌活性的研究[J]. 食品科学，2007，8(11)：86-90.

贺金娜，曹栋，史苏佳，等. 大孔树脂纯化苹果多酚的工艺优化[J]. 食品与发酵工业，2014，40(5)：135-141.

侯钰，陈欣悦，盛启明，等. 苹果品种和酿造工艺对苹果酒中酚类物质的影响研究[J]. 中国酿造，2013，32(5)：26-30.

姜慧，籍保平，李博. 影响苹果多酚分离提纯的因素[J]. 食品科学，2004，25(6)：74-78.

李华，王华，袁春龙，等. 葡萄酒化学[M]. 北京：科学出版社，2005.

李群. 苹果多酚对高糖高脂膳食加 STZ 诱导的糖尿病小鼠血脂・血糖水平和 pparγ 基因表达的影响[J]. 安徽农业科学，2015，43(6)：1-3，13.

李映，陈佳芸，吴亚楠，等. 酶法自茶叶中提取茶多酚工艺和口味研究[J]. 北京联合大学学报，2020，34(3)：77-82.

林少琴，吴若红. 壳聚糖固定谷氨酸脱羧酶的研究[J]. 药物生物技术，2005(2)：35-39.

刘静轩，许海峰，王得云，等. 两个耐贮性不同的红肉苹果株系果实硬度与香气成分及相关酶活性与基因表达差异分析[J]. 园艺学报，2017，44(2)：330-342.

刘静轩,曲常志,许海峰,等.王楠新疆红肉苹果杂交二代2个功能型株系果实风味品质的评价[J].果树学报,2017b(8):66-73.

刘铁铮,付雅丽,秦立者.红富士苹果果实中VC含量的研究[J].烟台果树,2005(4):6-7.

路滨键,于克可,张玉刚,等.红肉苹果营养成分及生物活性物质分析[J].青岛农业大学学报(自然科学版),2018,35(1):13-19.

聂继云,李志霞,李海飞,等.苹果理化品质评价指标研究[J].中国农业科学,2012,45(14):2895-2903.

聂继云,吕德国,李静,等.22种苹果种质资源果实类黄酮分析[J].中国农业科学,2010,43(21):4455-4462.

聂继云,刘凤之,李静,等.酿酒用苹果品质评价指标浅析[J].北方园艺,2007(2):165-166.

齐娜,李涵,张志宇,等.新疆红肉苹果多酚的超声波辅助提取工艺优化[J].食品与机械,2016,32(9):177-182.

冉军舰.苹果多酚的组分鉴定及功能特性研究[D].咸阳:西北农林科技大学,2013.

束怀瑞.苹果学[M].北京:中国农业出版社,1999:29-60.

孙永.三叶青化学成分及抗氧化和抗癌活性的研究[D].南昌:南昌大学,2018.

谭飔,秦晓晓,苏卿,等.苹果生物活性物质研究与利用现状[J].食品工业科技,2013(1):326-329,335.

唐传核,彭志英.苹果多酚的开发及应用[J].中国食品添加剂,2001(2):41-45.

唐振兴,石陆娥.苹果皮开发利用研究进展[J].四川农业科技,2006(3):41.

陶永胜,李华,王华.固相微萃取法分析葡萄酒香气的优化[J].西北农林科技大学学报(自然科学版),2007,35(12):181-185.

王峰,李新明,李群,等.苹果多酚及其活性单体对糖尿病小鼠肾中与糖代谢相关基因表达的影响[J].中国医药指南,2018,16(17):9-10.

王健,黄国林.果胶生产工艺研究进展[J].化工时刊,2007,21(2):70-73.

王皎,李赫宇,刘岱琳,等.苹果的营养成分及保健功效研究进展[J].食品研究与开发,2011,32(1):164-168.

王燕,陈学森,刘大亮,等."紫红1号"红肉苹果果肉抗氧化性及花色苷分析[J].园艺学报,2012,39(10):1991-1998.

王振宇,周丽萍,刘瑜.苹果多酚对小鼠脂肪代谢的影响[J].食品科学,2010(9):295-298.

吴国琪,凌达仁.谷氨酸脱羧酶在新型羧甲基化交联烯丙基葡聚糖凝胶树脂上的固化[J].离子交换与吸附,1998,14(6):526-532.

许海峰,王楠,姜生辉,等.新疆红肉苹果杂种一代4个株系类黄酮含量及其合成相关基因表达分析[J].中国农业科学,2016,49(16):3174-3187.

姚慧慧,王燕,赵传文.小麦麸皮膳食纤维及其在食品中的应用研究进展[J].粮食与油脂,2018,270(31),15-17.

尹承苗,王功帅,李园园,等.一种分析土壤中酚酸类物质含量的新方法:以连作苹果园土壤为试材[J].中国农业科学,2013,46(21):4612-4619.

尹智勇,杨俊元,祁宏.Bcl-2蛋白质家族调控细胞凋亡机制的研究进展[J].信阳师范学院学报:自然科学版,2017(30):340-344.

俞德浚.中国果树分类学[M].北京:农业出版社,1979.

张茜,贾冬英,姚开,等.大孔吸附树脂纯化石榴皮多酚[J].精细化工,2007,24(4):345-349.

赵艳威，孙静，宋光明，等.苹果多酚的降血糖作用及机制研究[J].食品研究与开发，2014(7)：72-74.

邹养军，王永熙.内源激素对苹果果实生长发育的调控作用研究进展[J].陕西农业科学，2002(10)：13-15.

Acosta-Estrada B，Gutiérrez-Uribe J，Serna-Saldivar S. Bound phenolics in foods：a review [J]. Food Chemistry，2014，152：46-55.

Argyri K，Komaitis M，Kapsokefalou M. Iron decreases the antioxidant capacity of red wine under conditions of in vitro digestion[J]. Food Chemistry，2006，96：281-289.

Arts I D J，Harnack L，Gross M. Dietary catechins in relation tocoronary heart disease among postmenopausal women[J]. Epidemiology，2001，12(6)：668-675.

Aslan M，Ozben T. Oxidants in receptor tyrosine kinase signal transduction pathways[J]. Antioxidants & Redox Signaling，2003，5(6)：781-788.

Avelar M M，Gouvêa cibele M C P. Procyanidin B2 cytotoxicity to MCF-7 human breast adenocarcinoma cells[J]. Indian Journal of Pharmaceutical Sciences，2012，74(4)：351-355.

Azmi A S，Bhat S H，Hadi S M. Resveratrol-Cu(Ⅱ) induced DNA breakage in human peripheral lymphocytes：implications for anticancer properties[J]. FEBS Letters，2005，579(14)：3131-3135.

Bars-Cortina D，Maciὰ A，Iglesias I，et al. Phytochemical profiles of new red-fleshed apple varieties compared with traditional and new white-fleshed varieties[J]. Journal of Agricultural and Food Chemistry，2017，65(8)：1684-1696.

Bars-Cortina D，Maciὰ A，Iglesias I，et al. Seasonal variability of the phytochemical composition of new red fleshed apple varieties compared with traditional and new white fleshed varieties[J]. Journal of Agricultural and Food Chemistry，2018，66：10011-10025.

Bartek J，Lukas C，Lukas J. Checking on DNA damage in S phase[J]. Nature Reviews Molecular Cell Biology，2004，5：792-804.

Bartowsky E J，Henschke P A. The "buttery" attribute of wine-diacetyl-desirability，spoilage and beyond[J]. International Journal of Food Microbiology，2004，96：235-252.

Bartowsky E J，Costello P J，Henschke P A. Management of malolactic fermentation wine flavour manipulation[J]. Australian and New Zealand Grapegrower and Winemaker，2002，461a：10-12.

Bartowsky E J，Costello P J，McCarthy J. MLF-adding an "extra dimension" to wine flavour and quality[J]. Australian and New Zealand Grapegrower and Winemaker，2008，533a：60-65.

Benzie I F F，Strain J J. Ferric reducing ability of plasma (FRAP) as a measure of antioxidant power：the FRAP assay[J]. Analytical Biochemistry，1996，239：70-76.

Bloem A，Bertrand A，Lonvaud-Funel A，et al. Vanillin production from simple phenols by wine-associated lactic acid bacteria[J]. Letters in Applied Microbiology，2007，44(1)：62-67.

Blois M S. Antioxidant determinations by the use of a stable free radical[J]. Nature，1958，181：1199-1200.

Boaventura B C B，Amboni R D M C，Silva E L，et al. Effect of in vitro digestion of yerba mate (ilex paraguariensis a. st. hil.) extract on the cellular antioxidant activity, antiproliferative activity and cytotoxicity toward HepG2 cells[J]. Food Research International, 2015, 77: 257-263.

Bondonno C P, Yang X, Croft K D, et al. Flavonoid-rich apples and nitrate-rich spinach augment nitric oxide status and improve endothelial function in healthy men and women: a randomized controlled trial[J]. Free Radical Biology & Medicine, 2012, 52(1): 95-102.

Borneman Z G,öKmen V, Nijhuis H H. Selective removal of polyphenols and brown colour in apple juices using PES/PVP membranes in a single ultrafiltration process[J]. Separation and Purification Technology,2001 (22/23): 53-61.

Bouayed J, Deußer H, Hoffmann L, et al. Bioaccessible and dialysable polyphenols in selected apple varieties following in vitro digestion vs. their native patterns. Food Chemistry, 2012, 131: 1466-1472.

Bravo L. Polyphenols: chemistry, dietary sources, metabolism, and nutritional significance. Nutrition Reviews, 1998, 56(11): 317-333.

Cάceres-Mella A, Peña-Neira Á, Avilés-Gάlvez P, et al. Phenolic composition and mouthfeel characteristics resulting from blending Chilean red wines[J]. Journal of the Science of Food and Agriculture, 2014, 94(4): 666-676.

Cañas P M I, García Romero E, Gómez Alonso S, et al. Changes in the aromatic composition of Tempranillo wines during spontaneous malolactic fermentation[J]. Journal of Food Composition and Analysis, 2008, 21(8): 724-730.

Capozzi V, Ladero V, Beneduce L, et al. Isolation and characterization of tyramine-producing Enterococcus faeciumstrain from red wine[J]. Food Microbiology, 2011, 28: 434-439.

Casagrande M, Zanela J, Wagner A, et al. Influence of time, temperature and solvent on the extraction of bioactive compounds of Baccharis dracunculifolia: in vitro antioxidant activity, antimicrobial potential, and phenolic compound quantification[J]. Industrial Crops and Products, 2018, 125, 207-219.

Chawla R, Patil G R. Soluble dietary fiber[J]. Comprehensive Reviews in Food Science and Food Safety, 2010, 9(2): 178-196.

Chemat F, Rombaut N,Sicaire A-G, et al. Ultrasound assisted extraction of food and natural products. Mechanisms, techniques, combinations, protocols and applications. A review [J]. Ultrasonics Sonochemistry, 2017, 34:540-560.

Chen N G, Lu C C, Lin Y H, et al. Proteomic approaches to studyepigallocatechin gallate-provoked apoptosis of TSGH-8301 human urinary bladder carcinoma cells: roles of AKT and heat shock protein 27-modulated intrinsic apoptotic pathways[J]. Oncology reports, 2011, 26(4): 939-947.

Chen D, Liu S Q. Transformation of chemical constituents of lychee wine by simultaneous alcoholic and malolactic fermentations[J]. Food Chemistry, 2016, 196: 988-995.

Chen J H, Ho C T. Antioxidant activities of caffeic acid and its related hydroxycinnamic acid compounds[J]. Journal of Agricultural and Food Chemistry, 1997, 45(7): 2374-2378.

Chen W, Zhou S, Zheng X. A new function of Chinese bayberry extract: protection against oxidative DNA damage[J]. LWT-Food Science and Technology, 2015, 60: 1200-1205.

Chen X S, Feng T, Zhang Y M, et al. Genetic diversity of volatile components in Xinjiang Wild Apple (*Malus sieversii*) [J]. Journal of Genetics and Genomics, 2007, 34: 171-179.

Chen Y, Ma X, Fu X, et al. Phytochemical content, cellular antioxidant activity and antiproliferative activity of adinandra nitida tea (shiyacha) infusion subjected to in vitro gastrointestinal digestion[J]. RSC Advances, 2017, 7(80): 50430-50440.

Chen Y S, Chen G, Fu X, et al. Phytochemical profiles and antioxidant activity of different varieties of *Adinandra* Tea (*Adinandra* Jack) [J]. Journal of Agricultural and Food Chemistry, 2015, 63(1): 169-176.

Coulter A D, Godden P W, Pretorius I S. Succinic acid-how it is formed, what is its effect on titratable acidity, and what factors influence its concentration in wine? [J]. Australian and New Zealand Wine Industry Journal, 2004, 19: 21-25.

Cowan M M. Plant products as anti-microbial agents[J]. Clin. Microbiol. ReV. 1999, 12:564-582.

Cullere L, Escudero A, Cacho J, et al. Gas chromatography-olfactometry and chemical quantitative study of the aroma of six premium quality Spanish aged red wines[J]. Journal of Agricultural and Food Chemistry, 2004, 52(6): 1653-1660.

Datta S R. Akt phosphorylation of bad couples survival signals to the cell-intrinsic death machinery[J]. Cell, 1997, 91(2): 231-241.

Jenkins D J, Leeds A R, Gassull M A, et al. Decrease in postprandial insulin and glucose concentrations by guar and pectin[J]. Annals of internal Medicine, 1977, 86(1): 20-23.

Delage E, Bohuon G, Baron A, et al. Highperformance liquid chromatography of the phenolic compounds in the juice of some French cider apple varieties[J]. Jounal of Chromtogrphy, 1991, 555, 125-136.

D'Incecco N, Bartowsky E J, Kassara S, et al. Release of glycosidically bound flavour compounds of Chardonnay by Oenococcus oeni during malolactic fermentation [J]. Food Microbiology, 2004, 21: 257-265.

Duan N, Yang B, Sun H, et al. Genome re-sequencing reveals the history of apple and supports a two-stage model for fruit enlargement[J]. Nature Communications, 2017, 8(1): 249.

Dupont M S, Bennett R N, Mellon F A. Polyphenols from alcoholic apple cider are absorbed, metabolized and excreted by humans[J]. Journal of Nutrition, 2002, 132(2): 172.

Gharras H E. Polyphenols: food sources, properties and applications: a review[J]. International Journal of Food Science and Technology, 2009, 44(12): 2512-2518.

Escarpa A, Gonzúlez M C. High-performance liquid chromatography with diode-array detection for the determination of phenolic compounds in peel and pulp from different apple varieties[J]. Journal of Chromatography A, 1998, 823(1/2): 331-337.

Etienne-Selloum N, Dandache I, Sharif T, et al. Phenolics compounds targeting p53-family tumor suppressors: current progress and challenges [Z]//Cheng Y. Future Aspects of Tumor Suppressor Gene. InTech, 2013: 129-166.

Etievant P. Volatile compounds in food and beverages[M]. New York: Marcel Dekker, 1991.

Evan G I, Vousden K H. Proliferation, cell cycle and apoptosis in cancer[J]. Nature, 2001, 411: 342-348.

Faller A L K, Fialho E, Liu R H. Cellular antioxidant activity of feijoada whole meal coupled with an in vitro digestion[J]. Journal of Agricultural and Food Chemistry, 2012, 60: 4826-4832.

Fang M, Chen D, Yang C S. Dietary polyphenols may affect DNA methylation[J]. Journal of Nutrition, 2007, 137: 223-228.

Faramarzi S, Pacifico S, Yadollahi A, et al. Red-fleshed apples: old autochthonous fruits as a novel source of anthocyanin antioxidants[J]. Plant Foods for Human Nutrition, 2015, 70 (3): 324-330.

Fattouch S, Caboni P, Coroneo V, et al. Comparative analysis of polyphenolic profiles and antioxidant and antimicrobial activities of tunisian pome fruit pulp and peel aqueous acetone extracts[J]. Journal of Agricultural and Food Chemistry, 2008, 56(3): 1084-1090.

Ferreira V, Lopez R, Cacho J F. Quantitative determination of the odorants of young red wines from different grape varieties[J]. Journal of Agricultural and Food Chemistry, 2000, 80: 1659-1667.

Schiavano G F, De Santi M, Brandi G, et al. Inhibition of breast cancer cell proliferation and *in vitro* tumorigenesis by a new red apple cultivar[J]. PLoS One, 2015, 10(8). https://doi.org/10.1371/journal.pone.0135840.

Francis I L, Newton J L. Determining wine aroma from compositional data[J]. Australian Journal of Grape and Wine Research, 2005, 11: 114-126.

Frighetto R T S, Welendorf R M, Nigro E N, et al. Isolation of ursolic acid from apple peels by high speed counter-current chromatography [J]. Food Chemistry, 2008, 106 (2): 767-771.

Fu U, Jia X U, Bao X, et al. Study on antioxidation effect of polyphenols from pomegranate pell in vivo[J]. Agricultural Science and Technology, 2016, 17: 164.

Garbetta A, Nicassio L, D'Antuono I, et al. Influence of, *in vitro*, digestion process on polyphenolic profile of skin grape (cv. *Italia* ) and on antioxidant activity in basal or stressed conditions of human intestinal cell line (HT-29) [J]. Food Research International, 2018, 106: 878-884.

García-Ruiz A, Cueva C, Gonzúlez-Rompinelli E M, et al. Antimicrobial phenolic extracts able to inhibit lactic acid bacteria growth and wine malolactic fermentation[J]. Food Control, 2012, 28(2): 212-219.

Gómez-García R, Martínez-Ávila G C G, Aguilar C N. Enzyme-assisted extraction of antioxidative phenolics from grape (vitis vinifera l.) residues[J]. Biotech, 2012,2(4), 297-300.

GonzúlezÁlvarez M, Gonzúlez-Barreiro C, Cancho-Grande B, et al. Relationships between Godello white wine sensory properties and its aromatic fingerprinting obtained by GC-MS [J]. Food Chemistry, 2011, 129: 890-898.

Grindel A, Müllner E, Brath H, et al. Influence of polyphenol-rich apple pomace extract on oxidative damage to dna in type 2 diabetes mellitus individuals[J]. Cancer & Metabolism, 2014, 2 (1 Supplement): 25.

Groudeva J, Kratchanova M G, Panchev I N, et al. Application of granulated apple pectin in the treatment of hyperlipoproteinaemiai. deriving the regression equation to describe the changes[J]. Zeitschrift für Lebensmittel-Untersuchung und-Forschung, 1997, 204(5): 374-378.

Gullon B, Pintado M E, Fernández-López J, et al. *In vitro* gastrointestinal digestion of pomegranate peel (*Punica granatum*) flour obtained from co-products: changes in the antioxidant potential and bioactive compounds stability[J]. Journal of Functional Foods, 2015, 19: 617-628.

Gumienna M, Lasik M, Czarnecki Z. Bioconversion of grape and chokeberry wine polyphenols during simulated gastrointestinal *in vitro* digestion[J]. International Journal of Food Science and Nutrition, 2011, 62: 226-233.

Guo R X, Chang X X, Guo X B, et al. Phenolic compounds, antioxidant activity, antiproliferative activity and bioaccessibility of sea buckthorn (*Hippophaë rhamnoides* L.) berries as affected by *in vitro* digestion[J]. Food & Function, 2017, 8:4229-4240.

Guo S, Guan L, Cao Y, et al. Diversity of polyphenols in the peel of apple (*Malus* sp.) germplasm from different countries of origin[J]. International Journal of Food Science and Technology, 2016, 51: 222-230.

He X, Liu R H. Phytochemicals of apple peels: isolation, structure elucidation, and their antiproliferative and antioxidant activities[J]. Journal of Agricultural and Food Chemistry, 2008, 56(21): 9905-9910.

Heerde E, Radler F. Metabolism of the anaerobic formation of succinic acid by Saccharomyces cerevisiae[J]. Archives of Microbiology, 1978, 117: 269-276.

Hertog M G L, Feskens E J M, Kromhout D, et al. Dietary antioxidant flavonoids and risk of coronary heart disease: the zutphen elderly study[J]. Lancet (North American Edition), 1993, 342(8878): 1007-1011.

Huang H, Sun Y, Lou S, et al. *In vitro* digestion combined with cellular assay to determine the antioxidant activity in chinese bayberry (*Myrica rubra* Sieb. et Zucc.) fruits: a comparison with traditional methods[J]. Food Chemistry, 2014, 146: 363-370.

Huber G M, Rupasinghe H P. Phenolic profiles and antioxidant properties of apple skin extracts[J]. Journal of Food Science, 2009, 74(9): C693-C700.

Hyson D A A. Comprehensive review of apples and apple components and their relationship to human health[J]. Advances in Nutrition, 2011, 2: 408-420.

Ibrahim G E, Hassan I M, Abd-Elrashid A M. Effect of clouding agents on the quality of apple juice during storage[J]. Food Hydrocolloids, 2011, 25(1): 91-97.

Jarvis B, Forster M J, Kinsella W P. Factors affecting the development of cider flavour[J]. Journal of Applied Bacteriology, 1995, 79: 5-18.

Jemal A, Bray F, Center M M, et al. Global cancer statistics[J]. CA:A Cancer Journal for Clinicians, 2011, 61(2):69-90.

Jiang X, Li T, Liu R H. 2α-Hydroxyursolic acid inhibited cell proliferation and induced apoptosis in MDA-MB-231 human breast cancer cells through the p38/MAPK signal transduction pathway[J]. Journal of agricultural and food chemistry, 2016, 64(8): 1806-1816.

Joshipura K J, Hu F B, Manson J A E, et al. The effect of fruit and vegetable intake on risk for coronary heart disease[J]. Annals of internal medicine, 2001, 134(12): 1106-1114.

Jung M Y, Jeon B S, Jin Y B. Free, esterified, and insoluble-bound phenolic acids in white and red Korean ginsengs (*Panax ginseng*, C. A. Meyer) [J]. Food Chemistry, 2002, 79(1): 105-111.

Jung M, Triebel S, Anke T, et al. Influence of apple polyphenols on inflammatory gene expression[J]. Molecular Nutrition and Food Research, 2009, 53(10): 1263-1280.

Jussier D, DubeMorneau A, Mira de Orduna R. Effect of simultaneous inoculation with yeast and bacteria on fermentation kinetics and key wine parameters of cool climate Chardonnay [J]. Applied and Environmental Microbiology, 2006, 72: 221-227.

Kaisoon O, Konczak I, Siriamornpun S. Potential health enhancing properties of edible flowers from Thailand[J]. Food Research International, 2012, 46(2):563-571.

Karadag A, Ozcelik B, Saner S. Review of methods to determine antioxidant capacities[J]. Food Analytical Methods, 2009, 2(1): 41-60.

Kasai H, Fukada S, Yamaizumi Z, et al. Action of chlorogenic acid in vegetables and fruits as an inhibitor of 8-hydroxydeoxyguanosine formation *in vitro* and in a rat carcinogenesis model[J]. Food and Chemical Toxicology, 2000, 38(5):467-471.

Kaur B, Chakraborty D, Kumar B. Phenolic biotransformations during conversion of ferulic acid to vanillin by lactic acid bacteria[J]. Biomed Research International, 2013. https://doi.org/10.1155/2013/590359.

Kawamoto H, Nakatsubo F. Effects of environmental factors on two-stage tannin-protein co-precipitation[J]. Phytochemistry, 1997, 46(3):479-483.

Keli S O, Hertog M G L, Feskens E J M. Dietary flavonoids, antioxidant vitamins, and incidence of stroke: the Zutphen study[J]. The Zutphen Study Arch Intern Med, 1996, 156 (6): 637-642

Kertesz Z I. The pectic substances [M]. New York: Interscience Publishers, 1951.

Khadem S, Marles R J. Monocyclic phenolic acids; hydroxy-and polyhydroxybenzoic acids: occurrence and recent bioactivity studies[J]. Molecules, 2010, 15(11): 7985-8005.

Khansari N, Shakiba Y, Mahmoudi M. Chronic inflammation and oxidative stress as a major cause of agerelated diseases and cancer[J]. Recent Patents on Inflammation and Allergy Drug Discovery, 2009, 3: 73-80.

Kim K H, Tsao R, Yang R, et al. Phenolic acid profiles and antioxidant activities of wheat bran extracts and the effect of hydrolysis conditions[J]. Food Chemistry, 2006, 95(3): 466-473.

Kishi K, Saito M, Saito T, et al. Clinical efficacy of apple polyphenol for treating cedar pollinosis[J]. Bioscience Biotechnology and Biochemistry, 2005, 69(4): 829-832.

Knoll C, Fritsch S, Schnell S, et al. Influence of pH and ethanol on malolactic fermentation and volatile aroma compound composition in white wines[J]. LWT : Food Science and Technology, 2011, 44: 2077-2086.

Knoll C, Fritsch S, Schnell S, et al. Impact of different malolactic fermentation inoculation scenarios on Riesling wine aroma[J]. World Journal of Microbiology and Biotechnology, 2012, 28: 1143-1153.

Łata B, Trampczynska A, Paczesna J. Cultivar variation in apple peel and whole fruit phenolic composition[J]. Scientia Horticulturae, 2009, 121(2): 176-181.

Peri L, Pietraforte D, Scorza G. Apples increase nitric oxide production by human saliva at the acidic pH of the stomach: a new biological function for polyphenols with a catechol group [J]. Free radical biology and medicine, 2005, 39(5): 668-681

Lea A G H, Piggott J R. In fermented beverage production[M]. London, U.K.: Blackie Academic and Proffesional, 1995.

Rousself R L. Bitterness in food and beverages[M]. Oxford, U.K.: Elsevier, 1990.

Lee J, Chan B L S, Mitchell A E. Identification/quantification of free and bound phenolic acids in peel and pulp of apples (*Mlus domestica*) using high resolution mass spectrometry (HRMS) [J]. Food Chemistry, 2017, 215: 301-310.

Lee P R, Toh M, Yu B, et al. Manipulation of volatile compound transformation in durian wine by nitrogen supplementation[J]. International Journal of Food Science and Technology, 2013, 48(3): 650-662.

Li A, Li S, Li H, et al. Total phenolic contents and antioxidant capacities of 51 edible and wildflowers[J]. Journal of Functional Foods, 2014, 6, 319-330.

Li C X, Zhao X H, Zuo W F, et al. Phytochemical profiles, antioxidant and antiproliferative activity of four red-fleshed apple varieties in China[J]. Journal of Fod Science, 2020, 85 (3): 718-726.

Li H, Tao Y S, Wang H, et al. Impact odorants of Chardonnay dry white wine from changli county (China) [J]. European Food Research and Technology, 2008, 227(1): 287-292.

Li M J, Ma F W, Zhang M, et al. Distribution and metabolism of ascorbic acid in apple fruits (*Malus Domestica* Borkh cv. gala) [J]. Plant Science, 2008, 174(6): 606-612.

Li T, Zhu J, Guo L, et al. Differential effects of polyphenols-enriched extracts from hawthorn fruit peels and fleshes on cell cycle and apoptosis in human mcf-7 breast carcinoma cells [J]. Food Chemistry, 2013, 141(2): 1008-1018.

Liang L, Wu X, Zhao T, et al. In vitro bioaccessibility and antioxidant activity of anthocyanins from mulberry (*Morus atropurpurea* Roxb.) following simulated gastro-intestinal digestion[J]. Food Research International, 2012, 46:76-82.

Lim H J, Min S Y, Woo E R, et al. Inhibitory effects of polyphenol-rich fraction extracted fromRubus coreanum M on thoracic aortic contractility of spontaneously hypertensive rats [J]. The Korean Society of Applied Pharmacology, 2011, 19(4): 477-486.

Liu G, Ying D, Guo B, et al. Extrusion of apple pomace increases antioxidant activity upon in vitro digestion[J]. Food & function, 2019, 10(2): 951-963.

Liu H, Liu X, Zhang C. Redox imbalance in the development of colorectal cancer[J]. Journal of Cancer, 2017, 8: 1586-1597.

Liu R H. Whole grain phytochemicals and health[J]. Journal of Cereal Science, 2007, 46: 207-219.

Liu R H. Dietary bioactive compounds and their health implications[J]. Journal of Food Science, 2013, 78: 18-25.

Llambi F, Moldoveanu T, Tait S W G. A unified model of mammalian BCL-2 protein family interactions at the mitochondria[J]. Molecular Cell, 2011, 44: 517-531.

Lonvaud-Funel A. Lactic acid bacteria in the quality improvement and depreciation of wine [J]. Antonie Van Leeuwenhoek, 1999, 76: 317-331.

Lotito S B, Frei B. Relevance of apple polyphenols as antioxidants in human plasma: contrasting in vitro and in vivo effects[J]. Free radical biology and medicine, 2004, 36(2): 201-211.

Lue J M, Lin P H, Yao Q. Chemical and molecular mechanisms of antioxidants: experimental approaches and model systems[J]. Journal of Cellular and Molecular Medicine, 2010, 14 (4): 840-860.

Luo J, Zhang P, Li S, et al. Antioxidant, antibacterial, and antiproliferative activities of free and bound phenolics from peel and flesh of fuji apple[J]. Journal of Food Science, 2016, 81(7):1735-1742.

Luo J, Wei Z, Zhang S, et al. Phenolic fractions from muscadine grape "noble" pomace can inhibit breast cancer cell MDA-MB-231 better than those from european grape "cabernet sauvignon" and induce s-phase arrest and apoptosis[J]. Journal of Food Science, 2017, 82 (5): 1254-1263.

Malec M, Quéré J L, Sotin H, et al. Polyphenol profiling of a red-fleshed apple cultivar and evaluation of the color extractability and stability in the juice[J]. Journal of Agricultural and Food Chemistry, 2014, 62(29): 6944-6954.

Malik M, Zhao C, Schoene N, et al. Anthocyanin-rich extract from *Aronia meloncarpa* E. induces a cell cycle block in colon cancer but not normal colonic cells[J]. Nutrition and Cancer, 2003, 46(2): 186-196.

Malumbres M, Barbacid M. Cell cycle, cdks and cancer: a changing paradigm[J]. Nature Reviews Cancer, 2009, 9(3): 153-166.

Mangas J J, Rodr I, Guez R, et al. Study of the phenolic profile of cider apple cultivars at maturity by multivariate techniques[J]. Journal of Agricultural and Food Chemistry, 1999, 47(10): 4046-4052.

Martin C, Gerats T. Control of pigment biosynthesis genes during petal development[J]. Plant Cell, 1993 (5): 1253-1264

Heras M-L R, Pinazo A, Heredia A, et al. Evaluation studies of persimmon plant (*Diospyros kaki*) for physiological benefits and bioaccessibility of antioxidants by *in vitro* simulated gastrointestinal digestion[J]. Food Chemistry, 2017, 214: 478-485.

Martínez-Pinilla O, Martínez-Lapuente L, Guadalupe Z, et al. Sensory profiling and changes in colour and phenolic composition produced by malolactic fermentation in red minority varieties[J]. Food Research International, 2012, 46: 286-293

Massera A, Soria A, Catania C, et al. Simultaneous inoculation of Malbec (*Vitis vinifera*) musts with yeast and bacteria: effects on fermentation performance, sensory and sanitary attributes of wines[J]. Food Technology and Biotechnology, 2009, 47: 192-201.

Mattila P, Hellström J. Phenolic acids in potatoes, vegetables, and some of their products[J]. Journal of Food Composition and Analysis, 2007, 20(3/4): 152-160.

Mattila P, Kumpulainen J. Determination of free and total phenolic acids in plant-derived foods by HPLC with diode-array detection[J]. Journal of Agricultural and Food Chemistry, 2002, 50(13): 3660-3667.

McDougall G J, Fyffe S, Dobson P, et al. Anthocyanins from red cabbage-stability to simulated gastrointestinal digestion[J]. Phytochemistry, 2007, 68: 1285-1294.

Meng J F, Fang Y L, Qin M Y, et al. Varietal differences among the phenolic profiles and antioxidant properties of four cultivars of spine grape (*Vitis Davidii* foex) in chongyi county (China) [J]. Food Chemistry, 2012, 134(4): 2049-2056.

Meyer A S, Donovan J L, Pearson D A, et al. Fruit hydroxycinnamic acids inhibit human low-density lipoprotein oxidation in vitro[J]. Journal of Agricultural and Food Chemistry, 1998, 46(5): 1783-1787.

Min N Y, Kim J H , Choi J H , et al. Selective death of cancer cells by preferential induction of reactive oxygen species in response to (-)-epigallocatechin-3-gallate[J]. Biochemical and Biophysical Research Communications, 2012, 421(1): 91-97.

Miranda-López R, Libbey L M, Watson B T, et al. Identification of additional odor-active compounds in pinot noir wines[J]. American Journal of Enology and Viticulture, 1992, 43: 90-92.

Muratori M, Tamburrino L, Marchiani S, et al. Investigation on the origin of sperm DNA fragmentation: role of apoptosis, immaturity and oxidative stress[J]. Molecular Medicine, 2015, 21(1): 109.

Nardini M, Cirillo E, Natella F, et al. Detection of bound phenolic acids: prevention by ascorbic acid and ethylenediaminetetraacetic acid of degradation of phenolic acids during alkaline hydrolysis[J]. Food Chemistry, 2002, 79(1): 119-124.

Narendranath N V, Thomas K C, Ingledew W M. Effects of acetic acid and lactic acid on the growth of Saccharomyces cerevisiae in a minimal medium[J]. International Journal of Food Microbiology, 2001, 26: 171-177.

Narita M, Shimizu S, Ito T. Bax interacts with the permeability transition pore to induce permeability transition and cytochrome c release in isolated mitochondria[J]. Proceedings of the National Academy of Sciences of the United States of America, 1998, 95: 14681-14686.

Natolino A, Porto C D, Rodríguez-Rojo S,et al. Supercritical antisolvent precipitation of polyphenols from grape marc extract[J]. Journal of Supercritical Fluids, 2016, 118:54-63.

Nehme N, Mathieu F, Taillandier P. Quantitative study of interactions between *Saccharomyces cerevisiae* and *Oenococcus oeni* strains[J]. International Journal of Food Microbiology, 2008, 35: 685-693.

Nei Y, Ren D Y, Lu X S, et al. Differential protective effects of polyphenol extracts from apple peels and fleshes against acute CCl4-induced liver damage in mice[J]. Food & Function, 2015, 6:513-524.

Nielsen J C, Richelieu M. Control of flavor development in wine during and after malolactic fermentation by *Oenococcus oeni*[J]. Applied and Environmental Microbiology, 1999, 65: 740-745.

Ogawara Y, Kishishita S, Obata T, et al. Akt enhances mdm2-mediated ubiquitination and degradation of p53[J]. Journal of Biological Chemistry, 2002, 277(24): 21843-21850.

OIV. Compendium of international methods of wine and must analysis[M]. Paris: Organisation Internationale de la Vigne et du Vin. ,2005.

Orrenius S. Mitochondrial regulation of apoptotic cell death[J]. Toxicology Letters, 2004, 149: 19-23.

Oszmiański J, Wojdyło A, Kolniak J. Effect of pectinase treatment on extraction of antioxidant phenols from pomace, for the production of puree-enriched cloudy apple juices[J]. Food Chemistry, 2011, 127(2): 623-631.

Pandey V, Wang B, Mohan C D. Discovery of a small-molecule inhibitor of specific serine residue BAD phosphorylation[J]. Proceedings of the National Academy of Sciences of the United States of America, 2018, 115: 10505-10514.

Park S, Bae J , Nam B H , et al. Aetiology of cancer in asia[J]. Asian Pacific Journal of Cancer Prevention: APJCP, 2007, 9(3): 371-380.

Peinadoa R A, Morenoa J, Buenoa J E, et al. Comparative study of aromatic compounds in two young white wines subjected to pre-fermentative cryomaceration[J]. Food Chemistry, 2004, 84: 585-590.

Peng C T, Wen Y, Tao Y S, et al. Modulating the formation of "Meili" wine aroma by prefermentative freezing process[J]. Journal of Agricultural and Food Chemistry, 2013, 61(7): 1542-1553.

Perestrelo R, Fernandes A, Albuquerque F F, et al. Analytical characterization of the aroma of tinta negra mole red wine: identification of the main odorants compounds[J]. Analytica Chimica Acta, 2006, 563(1/2):154-164.

Pérez-Martín F,Seseña S, Izquierdo P M, et al. Esterase activity of lactic acid bacteria isolated from malolactic fermentation of red wines[J]. International Journal of Food Microbiology, 2013, 163(2/3): 153-158.

Podesedek A, Wilska-Jeszka J, Anders B, et al. Compositional characterization of some apple varieties[J]. European Food Research and Technology, 2000, 210(4): 268-272.

Pozo-Bayón M A, Alegría E G, Polo M C, et al. Wine volatile and amino acid composition after malolactic fermentation: effect of *Oenococcus oeni* and *Lactobacillus plantarum* starter cultures[J]. Journal of Agricultural and Food Chemistry, 2005, 53: 8729-8735.

Rahman T, Hosen I, Islam M T, et al. Oxidative stress and human health[J]. Advances in Bioscience and Biotechnology, 2012, 3: 997.

Ramirez-Ambrosi M, Abad-Garcia B, Viloria-Bernal M, et al. A new ultra-high performance liquid chromatography with diode array detection coupled to electrospray ionization and quadrupole time-of-flight mass spectrometry analytical strategy for fast analysis and improved characterization of phenolic compounds in apple products[J]. Journal of Chromatography A, 2013, 1316: 78-91.

Rankine B C. Decomposition of L-malic acid by wine yeasts[J]. Journal of the Science of Food and Agriculture, 1966, 17: 312-316.

Rashid A, Liu C,Sanli T, et al. Resveratrol enhances prostate cancer cell response to ionizing radiation. Modulation of the ampk, akt and mtor pathways[J]. Radiation Oncology, 2011, 6(1): 144-155.

Reagan-Shaw S, Eggert D, Mukhtar H, et al. Antiproliferative effects of apple peel extract against cancer cells[J]. Nutrition and Cancer, 2010, 62(4):517-524.

Rezaei P F, Fouladdel S, Hassani S, et al. Induction of apoptosis and cell cycle arrest by pericarp polyphenol-rich extract of Baneh in human colon carcinoma HT29 cells[J]. Food and Chemical Toxicology, 2012, 50: 1054-1059.

Robards K, Prenzler P D, Tucker G, et al. Phenolic compounds and their role in oxidative processes in fruits[J]. Food Chemistry, 1999, 66(4): 401-436.

Robaszkiewicz A, Balcerczyk A, Bartosz G. Antioxidative and prooxidative effects of quercetin on a549 cells[J]. Cell Biology International, 2007, 31(10): 1245-1250.

Robichaud J L, Noble A C. Astringency and bitterness of selected phenolics in wine[J]. Journal of the Science of Food and Agriculture, 1990, 53(3): 343-353.

Rodríguez-Bencomo J J, García-Ruiz A, Martín-Álvarez P J, et al. Volatile and phenolic composition of a Chardonnay wine treated with antimicrobial plant extracts before malolactic fermentation[J]. Journal of Agricultural Studies, 2014, 2(2): 62-75.

Rupasinghe H P V, Huber G M, Embree C, et al. Red-fleshed apple as a source for functional beverages[J]. Canadian Journal of Plant Science, 2010, 90: 95-100.

Ruth R, Amy C, Flaubert T, et al. Neuroprotective effects of apples on cognition and alzheimer's disease[J]. Agro Food Industry Hi Tech, 2009, 20(6): 32-34.

Sastry K S R, Al-Muftah M A, Li P, et al. Targeting proapoptotic protein bad inhibits survival and self-renewal of cancer stem cells[J]. Cell Death and Differentiation, 2014, 21(12): 1936-1949.

Saura-Calixto F, Serrano J, Goni I. Intake and bioaccessibility of total polyphenols in a whole diet[J]. Food Chemistry, 2007, 101: 492-501.

Schulze C, Bangert A, Kottra G, et al. Inhibition of the intestinal sodium-coupled glucose transporter 1 (sglt1) by extracts and polyphenols from apple reduces postprandial blood glucose levels in mice and humans[J]. Molecular Nutrition & Food Research, 2014, 58(9): 1795-1808.

Seidner D L, Lashner B A, Brzezinski A, et al. An oral supplement enriched with fish oil, soluble fiber, and antioxidants for corticosteroid sparing in ulcerative colitis: a randomized, controlled trial[J]. Clinical Gastroenterology and Hepatology, 2005, 3(4): 358-369.

Serra A T, Matias A A, Frade R F M, et al. Characterization of traditional and exotic apple varieties from portugal[J]. Journal of Functional Foods, 2010, 2: 46-53.

Shim S H, Jo S J, Kim J C. Control efficacy of phloretin isolated from apple fruits against several plant diseases[J]. Plant Pathology Journal, 2010, 26(3) : 280-285.

Shinohara T. Gas chromatographic analysis of volatile fatty acids in wines[J]. Agricultural & Biological Chemistry, 1985, 49(7): 2211-2212.

Shoji T, Akazome Y, Kanda T. The toxicology and safety of apple polyphenol extract[J]. Food and chemical toxicology, 2004, 42(6): 959-967

Siegel R L, Miller K D, Jemal A. Cancer Statistics, 2016[J]. CA: A Cancer Journal for Clinicians, 2016, 66: 7-30.

Singleton V L, Orthofer R, Lamuela-Raventós R M. Analysis of total phenols and other oxidation substrates and antioxidants by means of folin-ciocalteu reagent[J]. Methods in enzymology, 1999, 299C(1): 152-178.

Son YO , Hitron J A, Wang X , et al. Cr(Ⅳ) induces mitochondrial-mediated and caspase-dependent apoptosis through reactive oxygen species-mediated p53 activation in jb6 cl41 cells [J]. Toxicology and Applied Pharmacology, 2010, 245(2): 226-235.

Stefania D, Elisa M, Paola I C, et al. Pro-oxidant and pro-apoptotic activity of polyphenol extract from annurca apple and its underlying mechanisms in human breast cancer cells[J]. International Journal of Oncology, 2017, 51(3): 939-948.

Stefano P, Crispian S. Polyphenols oral health and disease: a review[J]. Journal of Dentistry, 2009, 37: 413-423

Sun J, Liu R H. Apple phytochemical extracts inhibit proliferation of estrogen-dependent and estrogen-independent human breast cancer cells through cell cycle modulation[J]. Journal of Agricultural and Food Chemistry, 2008, 56(24): 11661-11667.

Sun S Y, Gong H S, Liu W L, et al. Application and validation of autochthonous Lactobacillus plantarum starter cultures for controlled malolactic fermentation and its influence on the aromatic profile of cherry wines[J]. Food Microbiology, 2016, 55:16-24.

Sun Y, Hui Q, Chen R, et al. Apoptosis in human hepatoma hepG2 cells induced by the phenolics of, tetrastigma hemsleyanum, leaves and their antitumor effects in h22 tumor-bearing mice[J]. Journal of Functional Foods, 2018, 40: 349-364.

Sun-Waterhouse D, Luberriaga C, Jin D, et al. Juices, fibres and skin waste extracts from white, pink or red-fleshed apple genotypes as potential food ingredients[J]. Food and Bioprocess Technology, 2013, 6(2): 377-390.

Swiegers J H, Bartowsky E J, Henschke P A, et al. Yeast and bacterial modulation of wine aroma and flavour [J]. Australian Journal of Grape and Wine Research, 2005, 11: 139-173.

Tagliazucchi D, Verzelloni E, Bertolini D, et al. In vitro bio-accessibility and antioxidant activity of grape polyphenols[J]. Food Chemistry, 2010, 120: 599-606.

Taniasuri F, Lee P R, Liu S Q. Induction of simultaneous and sequential malolactic fermentation in durian wine[J]. International Journal of Food Microbiology, 2016, 230: 1-9.

Tao Y S, Li H, WangH, et al. Volatile compounds of young cabernet sauvignon red wine from changli county (China) [J]. Journal of Food Composition and Analysis, 2008, 21(8): 689-694.

Tao Y S, Li H. Active volatiles of cabernet sauvignon wine from Changli County[J]. Health, 2009, 1(3): 176-182.

Thompson C B. Apoptosis in the pathogenesis and treatment of disease[J]. Science, 1995, 267: 1456-1462.

Trinh T T T, Woon W Y, Yu B, et al. Growth and fermentation kinetics of a mixed culture of *Saccharomyces cerevisiae* var. *bayanus* and *Williopsis saturnus* var. *saturnus* at different ratios in longan juice (*Dimocarpus longan* Lour.) [J]. International Journal of Food Science and Technology, 2011, 46(1): 130-137.

Tristezza M, Feo L D, Tufariello M, et al. Simultaneous inoculation of yeasts and lactic acid bacteria: effects on fermentation dynamics and chemical composition of Negroamaro wine [J]. LWT-Food Science and Technology, 2016, 66: 406-412.

Tsao R, Yang R, Young J C, et al. Polyphenolic profiles in eight apple cultivars using high-performance liquid chromatography (HPLC) [J]. Journal of Agricultural and Food Chemistry, 2003, 51(21): 6347-6353.

Ugliano M, Moio L. Changes in the concentration of yeast-derived volatile compounds of red wine during malolactic fermentation with four commercial starter cultures of *Oenococcus oeni*[J]. Journal of Agricultural and Food Chemistry, 2005, 53: 10134-10139.

Vega F, Medeiros L J, Leventaki V, et al. Activation of mammalian target of rapamycin signaling pathway contributes to tumor cell survival in anaplastic lymphoma kinase-positive anaplastic large cell lymphoma[J]. Cancer Research, 2006, 66(13): 6589-6597.

Versari A, Patrizi C, Parpinello G P, et al. Effect of co-inoculation with yeast and bacteria on chemical and sensory characteristics of commercial cabernet franc red wine from Switzerland[J]. Journal of Chemical Technology and Biotechnology, 2016, 91: 876-882.

Vivanco I, Sawyers C L. The phosphatidylinositol 3-kinase-akt pathway in human cancer. Nature Reviews Cancer[J], 2002, 2(7): 489-501.

Vrhovsek U, Rigo A, Tonon D, et al. Quantitation of polyphenols in different apple varieties [J]. Journal of Agricultural and Food Chemistry, 2004, 52 (21): 6532-6538.

Wang L, Xu Y, Zhao G, et al. Rapid analysis of flavor volatiles in apple wine using headspace solid-phase microextraction[J]. Journal of the Institute of Brewing, 2004, 110(1): 57-65.

Wang N, Qu C, Jiang S, et al. The proanthocyanidin - specific transcription factor Md MYB-PA 1 initiates anthocyanin synthesis under low - temperature conditions in red - fleshed apples[J]. The Plant Journal, 2018, 96(1): 39-55.

Wang N, Xu H, Jiang S, et al. MYB12 and MYB22 play essential roles in proanthocyanidin and flavonol synthesis in red-fleshed apple (*Malus sieversii* f. *Niedzwetzkyana*) [J]. Plant Jounal, 2017, 90(2):276-292.

Wang X C, Li A H, Dizy M, et al. Evaluation of aroma enhancement for ''Ecolly" dry white wines by mixed inoculation of selected *Rhodotorula mucilaginosa* and *Saccharomyces cerevisiae*[J]. Food Chemistry, 2017, 228: 550-559.

Wang X Q, Li C, Liang D, et al. Phenolic compounds and antioxidant activity in red-fleshed apples[J]. Journal of Functional Foods, 2015, 18: 1086-1094.

Watkins C B, Ferree D C, Warrington I J. Principles and practices of postharvest handling and stress[M]. Totnes: CABI Publishing, 2003.

Weichselbaum E, Wyness L, Stanner S. Apple polyphenols and cardiovascular disease-a review of the evidence[J]. Nutrition Bulletin, 2010, 35(2): 92-101.

Wen L R, Guo X B, Liu R H, et al. Phenolic contents and cellular antioxidant activity of Chinese hawthorn "Crataeguspinnatifida" [J]. Food Chemistry, 2015, 186: 54-62.

Wojdylo A, Oszmianski J, Laskowski P. Polyphenol components and antioxidant capacity of new and old apple varieties[J]. Journal of Agricultural and Food Chemistry, 2008, 56(15): 6520-6530.

Wolfe K, Wu X, Liu R H. Antioxidant activity of apple peels[J]. Journal of Agricultural and

Food Chemistry，2003，51(3)，609-614.

Wolfe K L，Liu R H. Cellular antioxidant activity (CAA) assay for assessing antioxidants，foods，and dietary supplements[J]. Journal of Agricultural and Food Chemistry，2007，55 (22)：8896-8907.

Wolfe K L，Kang X，He X，et al. Cellular antioxidant activity of common fruits[J]. Journal of Agricultural and Food Chemistry，2008，56：8418-8426.

Wrolstad R E. Color and pigment analyses in fruit products [J]. Corvallis Or. Agricultural Experiment Station. oregon State University，1976. DOI：http://hdl. handle. net/1957/15825.

Wu C J，Chen X S，Zeng J W，et al. Cryopreservation of in vitro shoot tips of *Malus sieversii* by vitrification and its regeneration[J]. Journal of Plant Genetic Resources，2008，9：243-247.

Xiang Y，Lai F，He G，et al. Alleviation of Rosup-induced oxidative stress in porcine granulosa cells by anthocyanins from red-fleshed apples[J]. PLoS One，2017，12(8). https://doi.org/10.1371/journal.pone.0184033.

Xiang Y，Zhao R X，Lai F N，et al. Analysis of flavonoid components and antioxidant activity in red fleshed apple peel[J]. Plant Physiology Journal，2016，52 (9)：1353-1360.

Xu H F，Wang N，Liu J X，et al. The molecular mechanism underlying anthocyanin metabolism in apple using the MdMYB16 and MdbHLH33 genes[J]. Plant Molecular Biology，2017，94：149-165.

Xue J，Su F，Meng Y H，et al. Enhanced stability of red-fleshed apple anthocyanins by copigmentation and encapsulation[J]. Journal of the Science of Food and Agriculture，2019，99：3381-3390.

Yang E，Zha J，Jockel J，et al. Bad，a heterodimeric partner for Bcl-XL and Bcl-2，displaces Bax and promotes cell death[J]. Cell，1995，80(2)：285-291.

Yang J，Li Y，Wang F，et al. Hepatoprotective effects of apple polyphenols on CCl4-induced acute liver damage in mice[J]. Journal of Agricultural and Food Chemistry，2010，58 (10)：6525-6531.

Yang K C，Tsai C Y，Wang Y J，et al. Apple polyphenol phloretin potentiates the anticancer actions of paclitaxel through induction of apoptosis in human HepG2 cells[J]. Molecular carcinogenesis，2009，48(5)：420-431.

Yang S F，Zhang H S，Yang X B，et al. Evaluation of antioxidative and antitumor activities of extracted flavonoids from Pink Lady apples in human colon and breast cancer cell lines[J]. Food Function. 2015，6(12)：3789-3798.

Yang X，Yang S，Guo Y，et al. Compositional characterisation of soluble apple polysaccharides，and their antioxidant and hepatoprotective effects on acute CCl4-caused liver damage in mice[J]. Food Chemistry，2013，138(2/3)：1256-1264.

Yin F，Wang C Z，Lin T L，et al. Anti-inflammatory potential of flavonoid contents from dried fruit of crataegus pinnatifida in vitro and in vivo[J]. Journal of Agricultural and Food Chemistry，2005，53(2)：430-436.

Yuste S，Ludwig I A，Rubió L，et al. In vivo biotransformation of (poly)phenols and anthocyanins of red-fleshed apple and identification of intake biomarkers[J]. Journal of Functional Foods, 2019, 55: 146-155.

Zea L, Moyano L, Moreno J. Discrimination of the aroma fraction of sherry wines obtained by oxidative and biological ageing[J]. Food Chemistry, 2001, 75(1): 79-84.

Zhang C, Ganzle M G. Metabolic pathway of α-ketoglutarate in Lactobacillus sanfranciscensis and Lactobacillus reuteri during sourdough fermetnation[J]. Journal of Applied Microbiology, 2010, 109: 1301-1310.

Zhang X, Jin B, Huang C. The pi3k/akt pathway and its downstream transcriptional factors as targets for chemoprevention[J]. Current Cancer Drug Targets, 2007, 7(4): 305-316.

Zuercher A W, Holvoet S, Weiss M , et al. Polyphenol-enriched apple extract attenuates food allergy in mice[J]. Clinical and Experimental Allergy, 2010, 40(6): 942-950.

Zuo W F, Zhang T L, Xu H F, et al. Effect of fermentation time on nutritional components of red-fleshed apple cider[J]. Food and Bioproducts Processing. 2018, 114: 276-285.

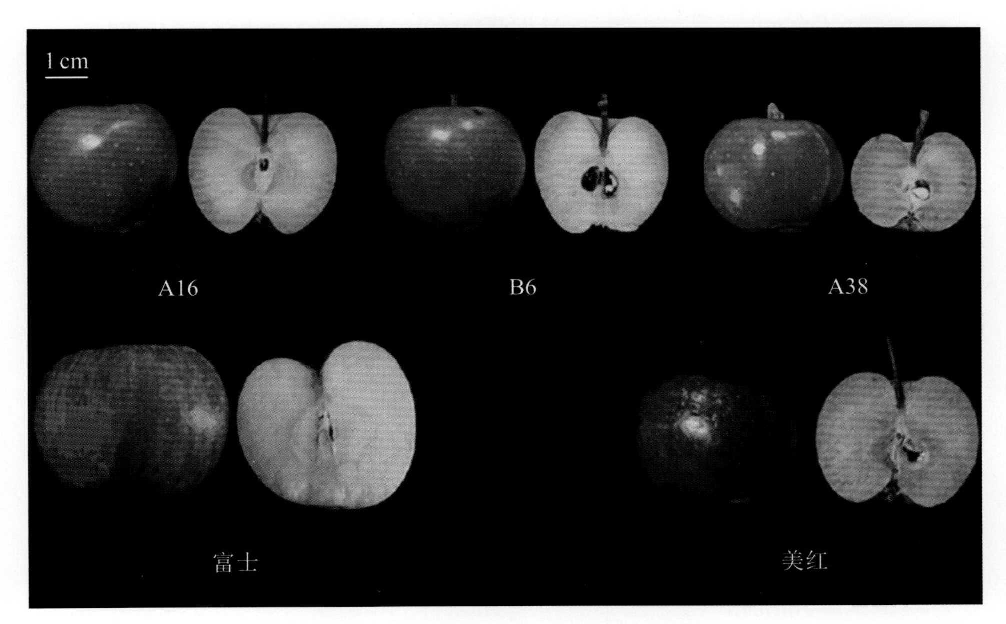


**图 2.1　不同苹果品种果皮和果肉颜色**

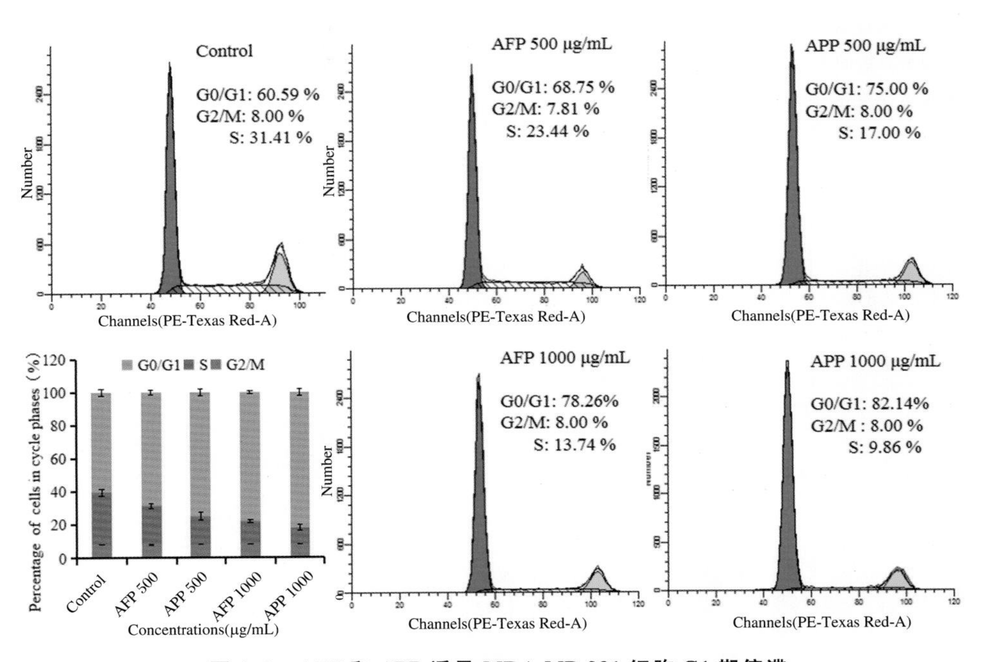


**图 4.2　AFP 和 APP 诱导 MDA-MB-231 细胞 G1 期停滞**

分别用 0,500 μg/mL,1000 μg/mL 的 AFP 和 APP 处理细胞 24 h 后的细胞周期分布图;G0/G1,S,G2/M 各时期细胞数占细胞总数的百分比。所有的数值(mean ± SD)来自三个独立的生物学实验

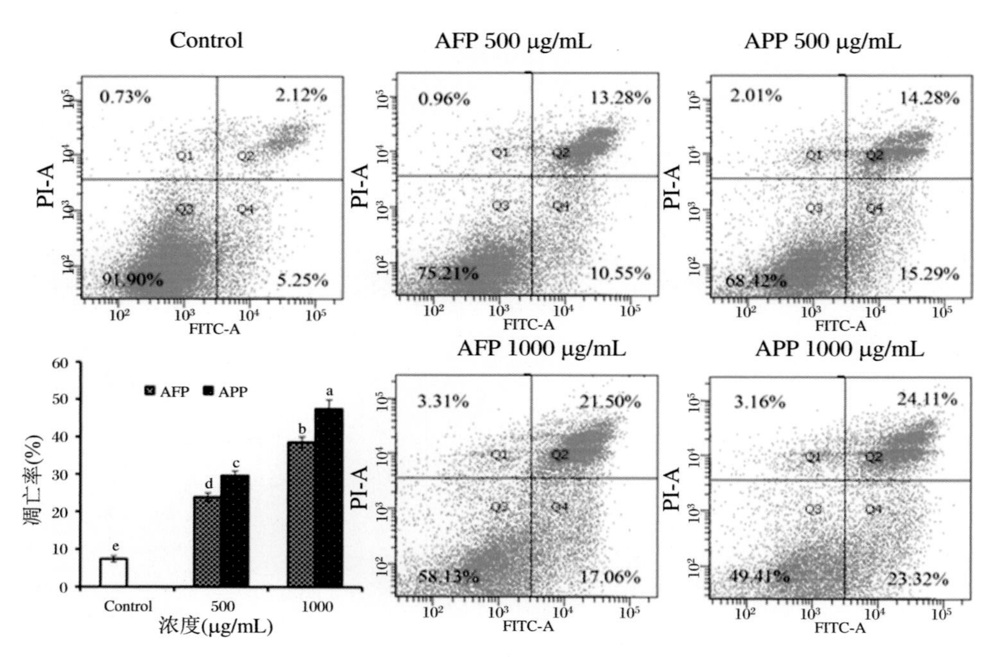


**图 4.4　AFP 和 APP 对 MDA-MB-231 细胞的凋亡影响**

细胞被 AFP 和 APP 以 0,500 μg/mL,1000 μg/mL 处理 48 h(Annexin V/PI 双染散点图;凋亡细胞占细胞总数的百分比)。所有的数值(mean ± SD)来自三个独立的生物学实验,柱状图上不同的字母代表显著性差异($p<0.05$)

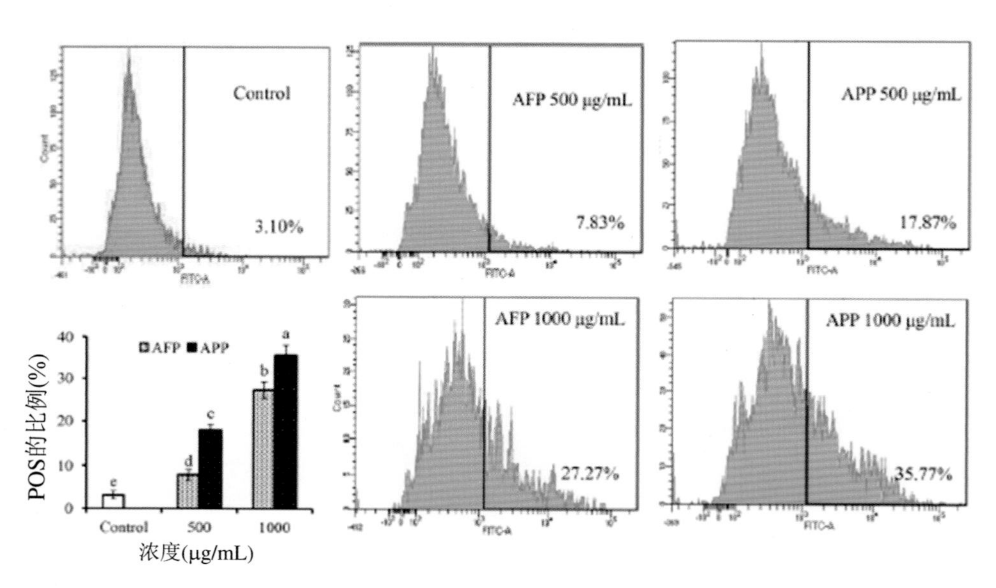


**图 4.5　AFP 和 APP 暴露对 MDA-MB-231 细胞内 ROS 生成的影响(流式直方图和各处理中 ROS 的百分比)**

数据(mean ± SD)来自三个独立的生物学实验,柱状图上不同的字母代表显著性差异($p<0.05$)